U0807114

群论及其应用

朱正和　编著

科学出版社
北　京

内 容 简 介

本书讨论包含外部(几何)对称性的点群与连续群和内部对称性的置换群.本书共五章,即点群,抽象群理论,群的表示理论,置换群以及连续群——李群和李代数,附有一定量的习题.

本书可供高等院校的物理、化学和材料等学科的本科生、研究生、教师及科技工作者参考.

图书在版编目(CIP)数据

群论及其应用/朱正和编著.—北京:科学出版社,2016.5
ISBN 978-7-03-048132-0

Ⅰ.①群…　Ⅱ.①朱…　Ⅲ.①群论-研究　Ⅳ.①O152

中国版本图书馆 CIP 数据核字(2016)第 090149 号

责任编辑:窦京涛　陈曰德 / 责任校对:彭　涛
责任印制:吴兆东 / 封面设计:谜底书装

科学出版社 出版
北京东黄城根北街 16 号
邮政编码: 100717
http://www.sciencep.com
固安县铭成印刷有限公司印刷
科学出版社发行　各地新华书店经销
*
2016 年 5 月第　一　版　　开本:720×1000 1/16
2025 年 2 月第八次印刷　　印张:8 1/4
字数:158 000

定价:48.00 元

(如有印装质量问题,我社负责调换)

前　　言

群的概念由伽罗瓦(Evariste Galois,1811～1832)提出,早期对群论做过贡献的有高斯,柯西,阿贝尔,哈密顿和伽罗瓦等.伽罗瓦也可以说是近世代数学的提出者.在量子力学出现之前,群论没有多少应用,现在却已广泛应用于物理和化学等领域.和其他科学一样,群论也是经过长期的实践、认识、再实践、再认识的辩证唯物论的发展过程,才发展到现在的状况.群是具有一种结合律的代数系统.熊全淹于1953年在武汉大学就大体按照瓦尔登(B. L. van der Waerden)的《代数学》讲授过"近世代数学".

自1990年以来,本书一直作为成都科技大学(后改为四川大学)原子与分子物理研究所硕士研究生的教材.作者于2009年在西华大学理化学院作过群论的讲座,学校还留下了视频资料.本书的部分内容曾给中国工程物理研究院的材料研究所、激光聚变研究中心和核物理与化学研究所以及西南交通大学高温高压物理研究所的青年同志讲述.

本书包含外部(几何)对称性的点群和连续群及内部对称性的置换群.本书内容共分为五章,第1章点群,第2章抽象群理论,第3章群的表示理论,第4章置换群,第5章连续群——李群和李代数.先讲点群,以便有一些感性知识,然后再讲抽象群理论.在讲述理论的同时,有的附有部分习题,习题或已即时给出解答,以便加深理解,或留给读者课后作业.本书注重物理意义的讲解,辅以部分数学推导;尽力与物理和化学的应用相结合.例如,基态电偶极矩和极化率与分子对称群的对称化基函数的关系,有助于对红外与拉曼光谱的选择规则的讲述.再如,当讲述如何由笛卡儿坐标得到对称坐标时,以 C_{2v} 的 H_2O 为例,在对称坐标中,A_1 为三维 $(\eta_1-\eta_3,\zeta_1+\zeta_3,\zeta_2)$,$A_2$ 为一维 $(\xi_1-\xi_3)$,B_1 为二维 $(\xi_1+\xi_3,\xi_2)$,B_2 为三维 $(\eta_1+\eta_3,\eta_2,\zeta_1-\zeta_3)$,则在 C_{2v} 的特征标表中,已知平动 $T_z\subset A_1$,则还有两个振动 $Q_1,Q_2\subset A_1$.而 A_2 的子空间是一维的,已有转动 $R_z\subset A_2$,所以无振动属于 A_2.同样,B_1 的子空间为二维,已有 $T_x,R_y\subset B_1$.B_2 的子空间为三维,已有 $T_y,R_x\subset B_2$,则还有一个振动 $Q_3\subset B_2$.故 C_{2v} 的三个正则振动为两个属于 A_1,一个属于 B_2.

群论可以对量子力学系统的波函数(状态)和算符(可观测量)进行对称分类,但不能作出数值计算;而不可约张量代数则可对其作出数值计算,不可约张量代数可视为群论的一个分支.因此,在学习群论时,配合学习不可约张量代数,是一种优选途径.

朱正和

2014年5月于四川大学原子与分子物理研究所

目　　录

第1章　点　　群

1.1　引　　言

1. 对称性是最一般的规则

(1) 几何对称性. 很多事与物都具有某种几何对称性，例如，大到动物、植物、建筑物、晶体，小到原子、分子，甚至音乐、诗词，以至社会现象等.

(2) 置换对称性. 如对全同粒子系统的粒子进行置换，系统是不变的. 这也是一种对称性. 例如，交换原子的 2s 和 2p 电子，系统的哈密顿(Hamiltonian)算符是不变的.

(3) 简并对称性. 例如，氢原子的非相对论能级可表示为

$$E=-\frac{mz^2e^4}{2\hbar n^2}$$

例如，主量子数 $n=1,2,3,\cdots,n$，角量子数 $l=0,1,2,3,\cdots,n-1$，磁量子数 $m=0,\pm1,\cdots,\pm l$. 当 n 不同时，态的数目不同，例如：

$n=1, n^2=1$，一个能级，一个态，不存在简并；

$n=2, n^2=4$，一个能级，四个态，存在四重简并；

$n=3, n^2=9$，一个能级，九个态，存在九重简并；

……

具有简并对称性的群，又称为动力学群.

(4) 时间平移的对称性. "绝对时间"是不可观测的，因而，t 和 $t+\tau$ 不是可观测的(unobservable)，导致能量守恒，即集合 $\{t,t+\tau\}\rightarrow\{\hat{P}_t(\tau)\}$ 是一连续群.

习题 1.1　证明 $\sum_i \dot{q}_i \frac{\partial L}{\partial \dot{q}_i}-L$ 是能量.

因为拉氏(Lagrangian)方程 $L=T-U=L\{q_i(t),\dot{q}_i(t)\}(i=1,2,\cdots,n)$ 不显含时间，即 $\frac{\partial L}{\partial t}=0$，则有

$$\frac{\mathrm{d}L}{\mathrm{d}t}=\sum_i \frac{\partial L}{\partial q_i}\dot{q}_i+\sum_i \frac{\partial L}{\partial \dot{q}_i}\ddot{q}_i+\left(\frac{\partial L}{\partial t}=0\right) \tag{1.1}$$

由拉氏方程

$$\frac{\mathrm{d}}{\mathrm{d}t}\frac{\partial L}{\partial \dot{q}_i}-\frac{\partial L}{\partial q_i}=0,\quad i=1,2,\cdots,n$$

显然有

$$\frac{\partial L}{\partial q_i}=\frac{\mathrm{d}}{\mathrm{d}t}\frac{\partial L}{\partial \dot{q}_i},\quad i=1,2,\cdots,n$$

将其代入式(1.1)中，得到

$$\begin{aligned}\frac{\mathrm{d}L}{\mathrm{d}t}&=\sum_i \dot{q}_i\frac{\mathrm{d}}{\mathrm{d}t}\frac{\partial L}{\partial \dot{q}_i}+\sum_i\frac{\partial L}{\partial \dot{q}_i}\ddot{q}_i\\&=\sum_i\frac{\mathrm{d}}{\mathrm{d}t}\left(\frac{\partial L}{\partial \dot{q}_i}\dot{q}_i\right)=\frac{\mathrm{d}}{\mathrm{d}t}\sum_i\left(\frac{\partial L}{\partial \dot{q}_i}\dot{q}_i\right)\end{aligned}$$

上式可改写为

$$\frac{\mathrm{d}}{\mathrm{d}t}\left(\sum_i \dot{q}_i\frac{\partial L}{\partial \dot{q}_i}-L\right)=0$$

这表示$\sum_i \dot{q}_i\frac{\partial L}{\partial \dot{q}_i}-L$是运动常数. 以下要用 Euler 定理证明这个运动常数就是能量. Euler 定理指出，若函数 $f(x_1x_2\cdots x_n)$ 的下式成立

$$\sum_i x_i\frac{\partial f(x_1x_2\cdots x_n)}{\partial x_i}=kf(x_1x_2\cdots x_n)$$

则 $f(x_1x_2\cdots x_n)$就是 $x_1x_2\cdots x_n$ 的k 次齐次函数. 显然，动能 T 是速度 $V_i(\dot{q}_i)$的二次齐次函数，即

$$\sum_i \dot{q}_i\frac{\partial L}{\partial \dot{q}_i}=\sum_i \dot{q}_i\frac{\partial (T-U)}{\partial \dot{q}_i}=\sum_i \dot{q}_i\frac{\partial T}{\partial \dot{q}_i}=2T$$

因而运动常数$\sum_i \dot{q}_i\frac{\partial L}{\partial \dot{q}_i}-L=2T-L=2T-T+U=T+U=E$. 这个运动常数就是能量.

(5) 空间平移的对称性 ."绝对空间"是不可观测的，即集合$\{\ell,\ell+s\}$是一连续群 .

(6) 量子力学的哈密顿算符的对称性.

若势函数是坐标的偶函数，并动能又只包含二次导数，则哈密顿算符对反演是不变的，其他算符如旋转、反射和置换都与哈密顿算符对易，即对称变换 $\hat{R}$ 与哈密顿算符 $\hat{H}$ 有关系

$$[\hat{H},\hat{R}]=0$$

即 $\hat{R}$ 与 $\hat{H}$ 有相同的本征函数，即哈密顿算符的对称性 .

2. *群概念提出*

群概念的提出已超过 160 年，但是，直到 1925 年都没有找到重要应用. 最早对群论作出贡献的有 Gauss，Cauchy，Abel，Hamilton 和 Galois 等.

对 Evariste Galois 曾有这样一段描写："The night before the duel, Galois with foreboding of the death wrote out for posterity notes concerning his most important discoveries, which at that time had not published. His total work is less than sixty pages."

3. 某些定义

集——不同元素，如数、矩阵、算符、多项式等的集合.
代数系统——具有某种组合规则的集，如乘法或加法.
群——具有一种组合规则的代数系统，如乘法或加法.
环，域——同时具有乘法和加法的代数系统.

4. 群的公理——当下述公理成立且具有一种结合律的代数系称为群

(1) 封闭性. 对每个有序对 A 和 B，当 $A, B \in G$ 时，有 $AB = C \in G$.
(2) 结合律. 有$(AB)C = A(BC)$.
(3) 单位元 E. 若 $A \in G$，则 $EA = AE = A$.
(4) 逆元素 A^{-1}. 若 $A \in G$，则 $AA^{-1} = A^{-1}A = E$.

5. 交换群

若有 $AB = BA$，则 G 是交换(Abelian)群.

6. 加法群

(1) 封闭性. 当 $A, B \in G$ 时，有 $A + B = C \in G$.
(2) 结合律. 有 $(A + B) + C = A + (B + C)$.
(3) 单位元 0. 若 $A \in G$，则 $0 + A = A + 0 = A$.
(4) 逆元素 $-A$. 有 $A + (-A) = (-A) + A = 0$.

7. 实例

(1) 正有理数集是群.
(2) 负有理数集不是群. 如封闭性不成立.
(3) 所有正负整数集不是群. 如 A^{-1} 不是整数.
(4) 所有正负整数集是加法群.
(5) $U_2(1, -1)$ 和 $U_4(1, -1, \mathrm{i}, -\mathrm{i})$ 是群，i 是虚单位.

习题 1.2 证明酉矩阵的集是群.

证 设 G 是酉矩阵的集，若 $A, B \in G$，则 $(AB)^{+} = B^{+}A^{+} = B^{-1}A^{-1} = (AB)^{-1}$，$(AB)^{-1} \in G$，封闭性成立；由于

$$[(AB)C]^{+} = C^{+}(AB)^{+} = C^{+}B^{+}A^{+} = C^{-1}B^{-1}A^{-1} = (BC)^{-1}A^{-1} = [A(BC)]^{-1}$$

即结合律成立；同时，$(A^{-1})^{+} = (A^{+})^{+} = A = (A^{-1})^{-1}$，即逆元素存在；并且，

$(E^{+})^{+}=(E^{-1})^{+}=(E^{+})^{-1}$，单位元素存在.

8. 循环群

由单一元素或集产生的群，如$(A, A^2, A^3, \cdots, A^n=E)$.

(1) 封闭性. 有 $A^iB^j=A^{i+j}=\begin{cases}E, & i+j=n,\\ A^l, & (i+j)-n=l.\end{cases}$

(2) 结合律. 有$(A^iA^j)A^l=A^i(A^jA^l)$.

(3) 单位元. 有 $A^n=E$.

(4) 逆元素. 若$(i+j)=n$，则 $A^iA^j=E$.

这里称为 A 的 n 阶循环群.

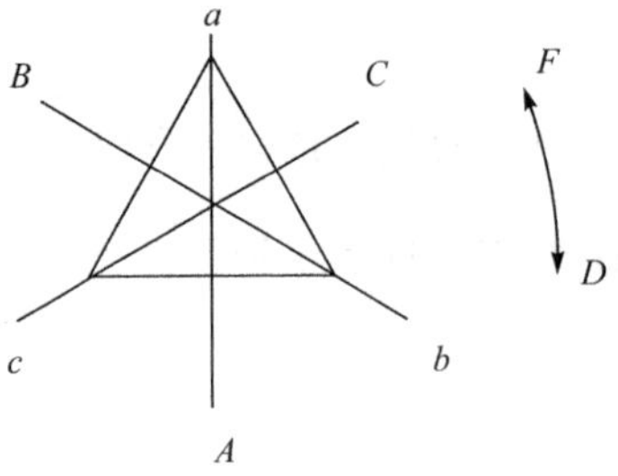

图 1.1

9. 群表

如图 1.1 所示，这里有六个对称动作，分别为 E 单位元素；A,B,C 转 π 角；D 顺时钟转 $2\pi/3$ 角；F 反时钟转 $2\pi/3$ 角. (E,A,B,C,D,F)是群，这个群可用表 1.1 来表示.

表 1.1

列/行	E	A	B	C	D	F
E	E	A	B	C	D	F
A	A	E	D	F	B	C
B	B	F	E	D	C	A
C	C	D	F	E	A	B
F	F	B	C	A	E	D
D	D	C	A	B	F	E

10. 重排定律

在群表中，每个元素在每行或每列只能出现一次.

1.2 共轭元素和类结构

1. 相似变换

若存在一元素 $V\in G$ 使得 $W=VUV^{-1}$，元素 W 和 U 在群中是共轭的，则称为 W 与 U 共轭或 $W\sim U$. 这称为 V 变换 U 到 W 的相似变换.

2. 等价关系

(1) 自反性，即 $U\sim U$. 因为 $U=EUE^{-1}$.

(2) 对称性,即若 $W\sim U$,则 $U\sim W$. 因为若 $W=VUV^{-1}$,则 $V^{-1}WV=V^{-1}VUV^{-1}V=U$.

(3) 传递性,即若 $W\sim U$,$U\sim Y$,则 $W\sim Y$. 因为 $W=VUV^{-1}$,$U=SYS^{-1}$,所以,$W=VSYS^{-1}V^{-1}=(VS)Y(VS)^{-1}$.

3. 类

与一个元素 U 共轭的所有元素称为共轭类或群的类,表示为(U).

例如,$EUE^{-1}=U$,$VUV^{-1}=W$,$SUS^{-1}=A$,…,则 $(U,W,A,\cdots)$处于同类. 单位元素始终自成一类,因为任何 $A\in G$ 都有 $AEA^{-1}=E$. 对于交换群,每个元素自成一类,因为 $\chi A\chi^{-1}=A\chi\chi^{-1}=A$,$A\in G$.

习题 1.3 若矩阵是群元素,则在同类中全部元素的迹相同.

4. 关于类结构的物理解释

设 $U=V^{-1}WV$ 作用在某种对称物体上,首先用 V 使对称物体到某一位置,再用 V^{-1}作用,而用 V^{-1}复原到原位,因而 U 和 W 有同类的物理作用.

1.3 对称元素 对称动作及其一般关系

1. 对称动作是使物体不可区分的对称变换

例如,对于结构为平面等边三角形的 H_3^+,转动 120°或 240°是不可区分的. 其动作可分为主动观点(active viewpoint)和被动观点(passive viewpoint):主动观点——固定坐标,变换物体;被动观点——固定物体,变换坐标.

2. 五类对称动作——每类对称动作都相对于给定的对称元素,如点、线、平面

(1) 恒等操作 E,无任何变化.

(2) 转动操作 C_n,转动(绕轴顺时钟转动)$2\pi/n$ 角,n 为整数,如图 1.2 所示.

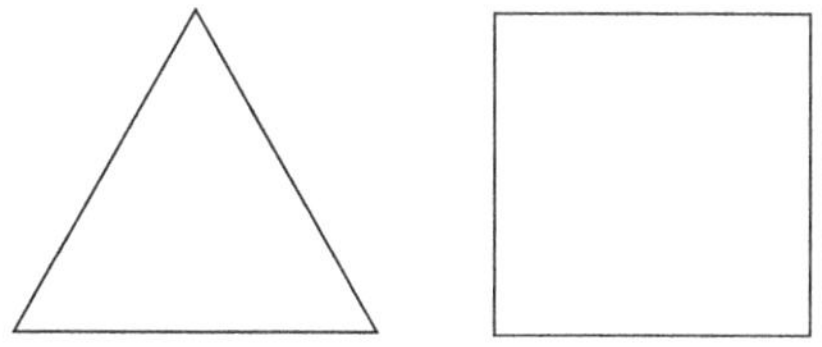

图 1.2

C_3,转动 $2\pi/3=120°$;

C_4,转动 $2\pi/4=90°$;

C_2,转动 $2\pi/2=180°$;

$C_n^k = C_n^1 C_n^2 \cdots C_n^k, k(2\pi/n)$，最大的 n 称为主轴.

(3) 反射动作.

σ_h 是水平对称平面，它垂直于主轴；σ_v 是含主轴的垂直对称平面，如图 1.3 所示.

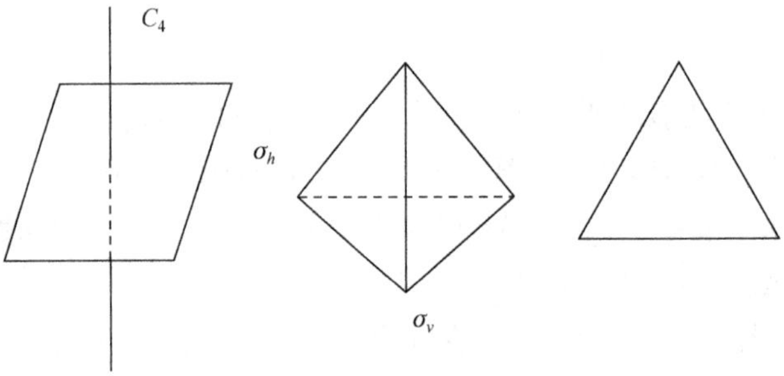

图 1.3

σ_d 是含主轴并平分两个垂直于主轴的 C_2 轴的夹角的对称平面，如图 1.4 所示.

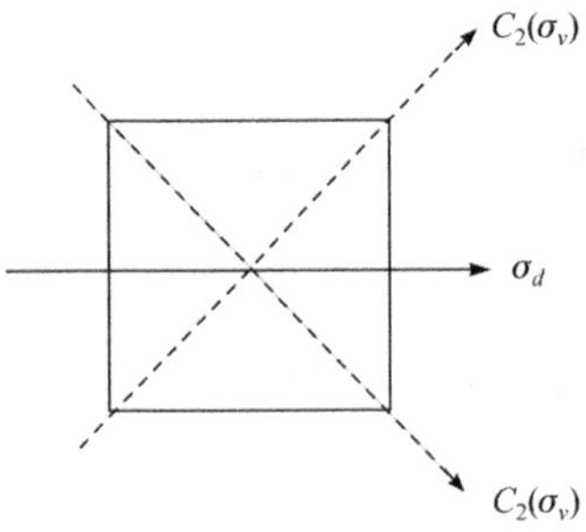

图 1.4

(4) 旋转-反射动作.

S_n 是 n 重交错轴，即先旋转 $2\pi/n$ 角，再对平面反射 σ_h，又称旋转-反射轴或反轴，或非真轴. 例如，S_4 交错轴的示意如图 1.5 所示.

在正六面体中，置入一个正四面体，其四个顶点编号为 1，2，3，4，连接线 12 和 34 的平分中点是一 S_4 轴，即先反时钟转 90°，即 C_4，得到第二个图形，四个顶点 1，2，3，4 则变为第二个图形所示；第二个图形作 σ_h 反射，则得到第三个图形，即回到与原图形不可区分.

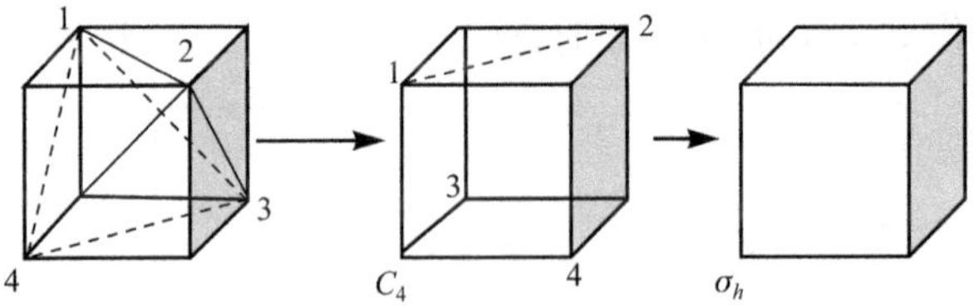

图 1.5

存在以下关系：

$$S_n^2 = (\sigma_h C_n)(\sigma_h C_n) = \sigma_h^2 C_n^2 = C_n^2$$

$$S_n^k = \begin{cases} \sigma_h C_n^k, & k \text{ 为奇数} \\ C_n^k, & k \text{ 为偶数} \end{cases}$$

(5) 反演动作 i.

对于以下的正八面体，如图 1.6 所示，存在对称中心，即有

$$(x,y,z) \xrightarrow{i} (-x,-y,-z)$$

而且有

$$i^2 = E \quad \text{和} \quad S_2 = \sigma_h C_2 = i$$

因为

$$\sigma_h C_2(x,y,z) = \sigma_h(-x,-y,z) = (-x,-y,-z) = i$$

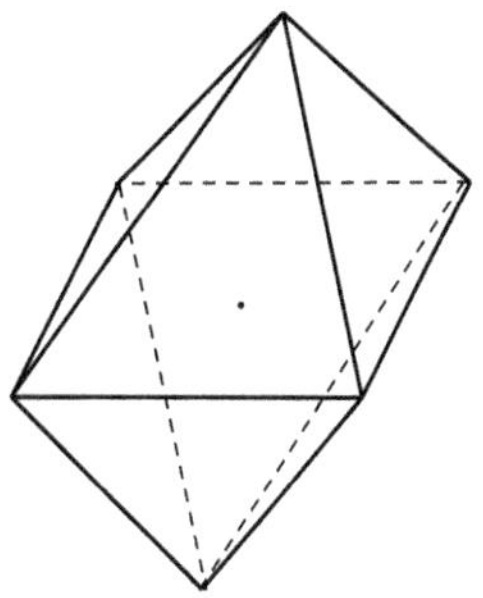

图 1.6

对上述五类对称动作总述如下：

E	——	无变化
C_n	——	旋转 $2\pi/n$
$\sigma_h, \sigma_v, \sigma_d$	——	反射对称面
S_n	——	旋转-反射
i	——	反演

3. 对称动作间的相互关系

(1) 相对于有相同交点的两个轴的旋转的乘积是一个旋转，例如

$$C_2(y)C_2(x) = C_2(z)$$

因为

$$C_2(y)C_2(x)(x,y,z) = C_2(y)(x,-y,-z) = (-x,-y,z) = C_2(z)$$

(2) $\sigma_{vA}\sigma_{vB} = C(2\phi_{AB})$，如图 1.7 所示.

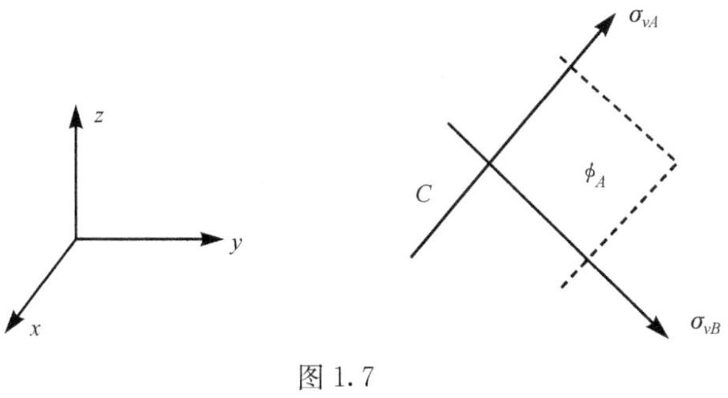

图 1.7

(3) 存在以下关系：

$$C_{2n}^n \sigma_h = \sigma_h C_{2n}^n = C_2 \sigma_h = i$$

$$C_{2n}^n i = i C_{2n}^n = i C_2 = C_2 i = \sigma_h$$

$iC_2=\sigma_h$ 的关系说明如下：

$$iC_2(x,y,z)=i(-x,-y,z)=(x,y,-z)=\sigma_h$$

4. 五种交换关系

(1) 绕同一轴的两个转动可以交换，如

$$C_3C_3^2=C_3^2C_3$$

同理有

$$C_4C_4^2=C_4^2C_4$$

(2) 水平垂直对称面的两个反射可以交换，例如

$$\sigma(xz)\sigma(yz)=\sigma(yz)\sigma(xz)$$

(3) $iC_n=C_ni$，$i\sigma=\sigma i$.

(4) $C_2(x)C_2(y)=C_2(y)C_2(x)$.

(5) $C_n^m\sigma_h=\sigma_hC_n^m$.

1.4　点群的分类(1)

点群的质心就所有对称的动作是固定的.

1. C_s 群(反映群，reflection group)

其群元素的个数称为阶 g. 而 C_s 群的阶$g=2$，即 $C_s(E,\sigma)$. 例如，非线性分子HClO(漂白粉)属于 C_s 群，$g=2$. 另一实例为喹啉(quinoline)$C_6H_4(CH)_3N$，它是 C_s 的平面分子，如图 1.8 所示.

2. C_i 群(反演群，inversion group)

其阶 g 亦为 2，即 $C_i(E,i)$. 如内消旋酒石酸(meso-tartaric acid)的顶视图，如图 1.9 所示. 其侧视图如图 1.10 所示.

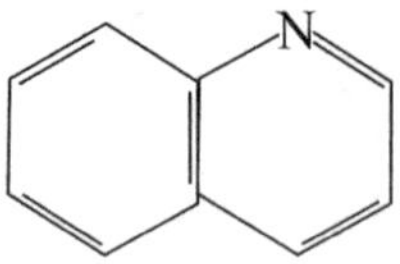

图 1.8

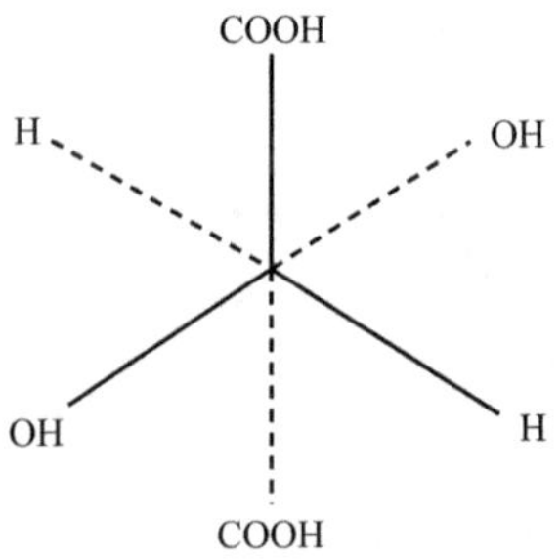

图 1.9

3. C_n 循环群

$n=2, C_2(E, C_2), g=2$，如双氧水 H_2O_2，图 1.11 所示.

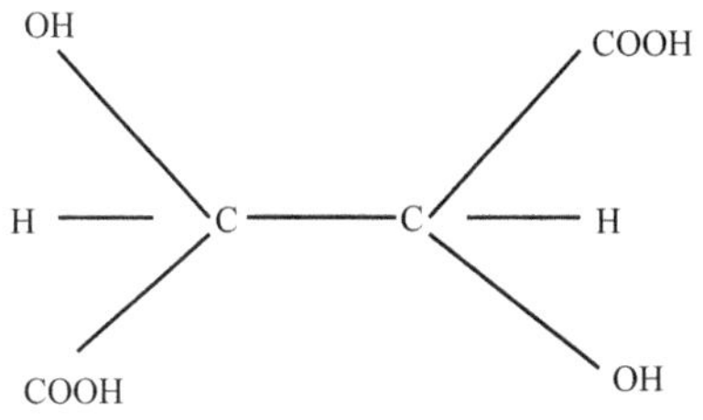

图 1.10

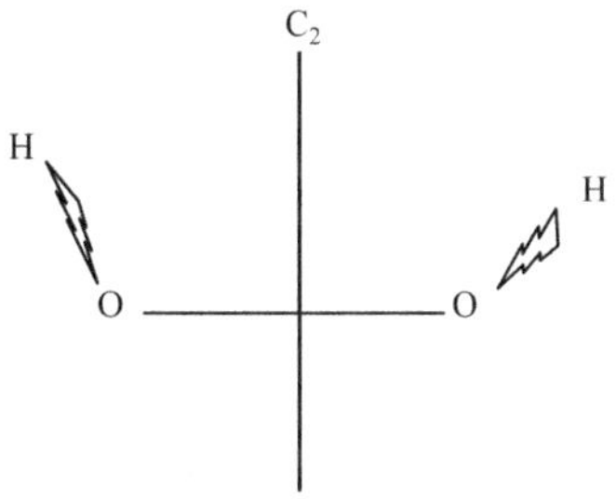

图 1.11

$n=3, C_3(E, C_3, C_3^2), g=3$，例如，$H_3C—CCl_3$（部分旋转，既不交错，也不重叠）.

$C_n(E, C_3, C_3^2, \cdots, C_3^{n-1}), g=n, N_{\text{classes}}=n$. 因为是循环，所以群的阶数 $g=n$ 与类数 $N_{\text{classes}}=n$ 相等.

4. $S_n, n=$ 偶数

$$S_n(E, S_n, S_n^2, \cdots, S_n^{n-1}), \quad g=\text{偶数}=N_{\text{classes}}$$

$$S_n^n=\sigma_h^n C_n^n=E$$

$$S_2(E, S_2)=S_2(E, i)=C_i, \quad S_2=\sigma_h C_2=i$$

$$S_4(E, S_4, S_4^2, S_4^3)=(E, S_4, C_2, S_4^3), \quad g=4$$

5. $S_n, n=$ 奇数

$$S_n(E, S_n, S_n^2, \cdots, S_n^{2n-1}), \quad g=2n$$

若 $g=$ 奇数，$S_n^n=\sigma_h^n C_n^n=\sigma_h C_n^n=\sigma_h \neq E$，则无单位元；但是 $g=2n$，则有 $S_n^{2n}=\sigma_h^{2n} C_n^{2n}=E$. 例如

$$S_3(E, S_3, S_3^2, S_3^3, S_3^4, S_3^5)=S_3(E, S_3, C_3^2, \sigma_h C_3, S_3^5), \quad g=2\times 3=6$$

$$S_3^2=(\sigma_h^3 C_3)^2=C_3^2, \quad S_3^3=\sigma_h^3 C_3^3=\sigma_h, \quad S_3^4=\sigma_h^4 C_3^4=C_3$$

6. $C_{nh}=S_n, n=$ 奇数

7. $C_{nh}, n=$ 偶数

$$C_{nh}(nC_n^n, nC_n^n\sigma_h)=(C_n, C_n^2, \cdots, C_n^n, C_n\sigma_h, C_n^2\sigma_h, \cdots, C_n^n\sigma_h), \quad g=2n$$

例如

$$C_{2h}(C_2, C_2^2, C_2\sigma_h, C_2^2\sigma_h)=(E, C_2, i, \sigma_h)$$

例如,反式 trans-$C_2H_2Cl_2$,其中 C_2(z 轴)⊥平面,如下所示.

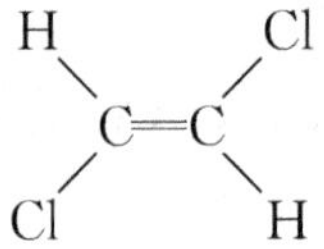

8. C_{nv},n=奇数

$$C_{nv}=(C_n+n\sigma_v)=(E,C_n,C_n^2,\cdots,C_n^{n-1},\sigma_v,\sigma_v^2,\cdots,\sigma_v^n,),\quad g=2n$$

例如

$$C_{3v}=(E,C_3,C_3^2,\sigma_v,\sigma_v^2,\sigma_v^3),\quad g=6$$

例如,NH_3,如图 1.12 和图 1.13 所示.

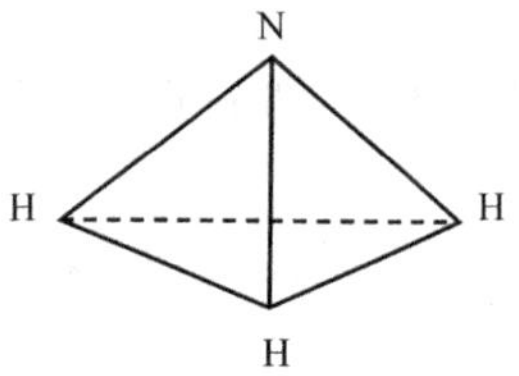

图 1.12 C_{3v}的 NH_3 图

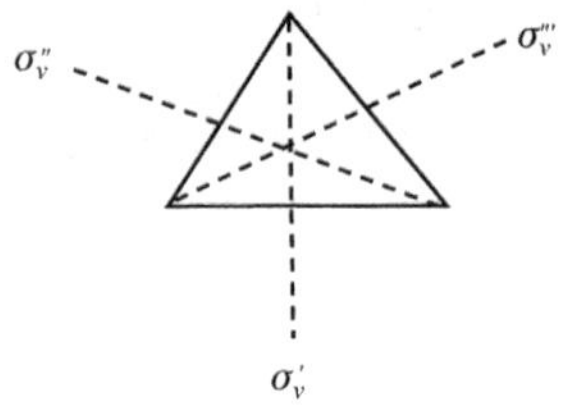

图 1.13 C_{3v}的 NH_3 图的投影

$$C_{5v}=(E,C_5,C_5^2,C_5^3,C_5^4,5\sigma_v),\quad g=2n=10$$

现讨论 C_{3v}群的类数.

单位元 E 总是自成一类.

$\sigma_v,\sigma_v^2,\sigma_v^3$ 这三个元素成为一类.

C_3,C_3^2 这两个元素成为一类.

为何 C_3,C_3^2 这两个元素成为一类?原因如下:

$$\sigma_v' C_3 \sigma_v' = C_3^2$$

总之,(C_3, $C_3^2=C_3^{-1}$) 是一类,(C_n^k,C_n^{-k})是一类.

若 n=奇数,则 $n=2p+1$,类的数目$=2p+2$.例如,

$$n=3,\quad 3=2\times1+1,\quad N_C=1+2=3$$

$$n=5,\quad 5=2\times2+1,\quad N_C=2+2=4$$

9. C_{nv},n=偶数(2,4,6)

$$C_{nv}=\left(nC_n+\frac{n}{2}\sigma_v,\frac{n}{2}\sigma_d\right),\quad g=2n$$

$$C_{2v}=(E,C_2+\sigma_v(xz),\sigma_v(yz)),\quad g=4$$

例如,H_2O,如图 1.14 所示.

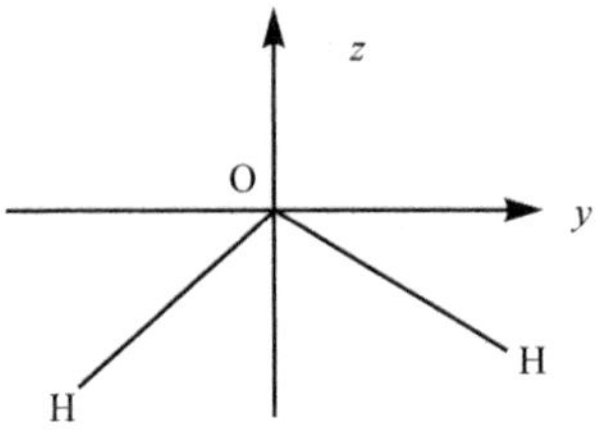

图 1.14

$$C_{4v}=(E,C_4,C_4^2=C_2,C_4^3,2\sigma_v,2\sigma_d),\quad g=8$$

如图 1.15和图 1.16 所示.

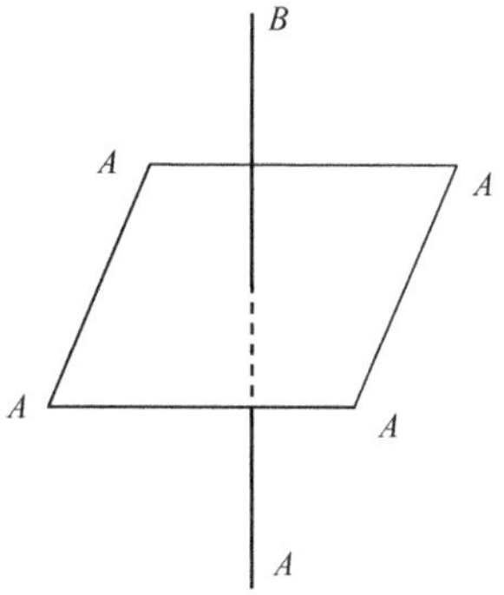

图 1.15

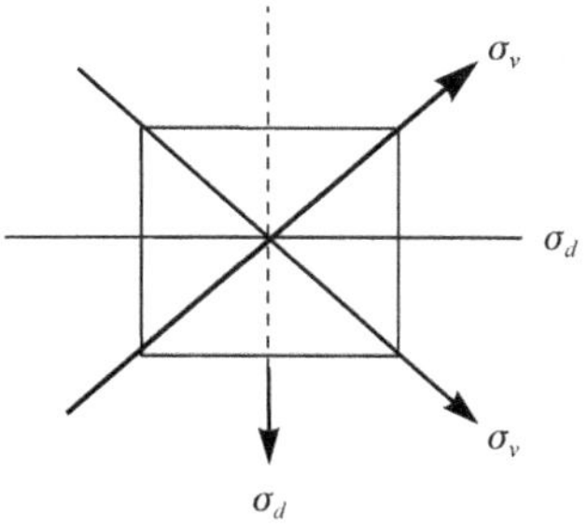

图 1.16

这里无 σ_h，故为 C_{4v}，其主轴为 C_4.

若 n=偶数，则 $n=2p$，类的数目$=p+3=5$，C_4 的类数为以下五类：

单位元 E 总是自成一类；

C_4，C_4^3 这两个元素成为一类；

C_2 成为一类；

$2\sigma_v$ 成为一类；

$2\sigma_d$ 成为一类.

$C_{6v}=(E,C_6,C_6^2=C_3,C_6^3=C_2,C_6^4=C_3^2,C_6^5,3\sigma_V,3\sigma_d)$，$g=2\times 6=12$，也无 σ_h，如图 1.17 所示.

因 n=偶数$=6$，则 $n=2p$，$p=3$，类的数目$=3+3=6$，C_6 的类数为如下六类：

单位元 E 是自成一类；

C_6，$C_6^{-1}=C_6^5$ 这两个元素成为一类；

C_3，$C_3^{-1}=C_3^2$ 成为一类；

C_2 成为一类；

$3\sigma_v$ 成为一类；

$3\sigma_d$ 成为一类.

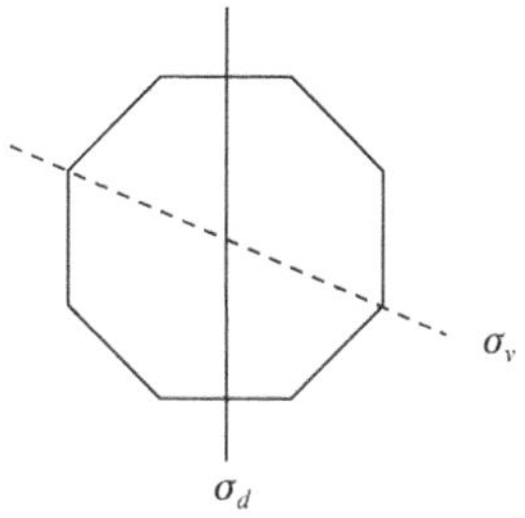

图 1.17

10. D_n，n=奇数

$$D_n(nC_n,nC_2\perp C_n),\quad g=2n$$

$n=3$，$D_3(E,C_3,C_3^2,3C_2(\perp C_3))$，$g=2\times 3=6$. 例如，部分旋转的乙烷 C_2H_6.

11. D_n，n=偶数

$D_2(E,C_2(z),C_2(y),C_2(x))$，$g=2\times 2=4$，在图 1.18中，其中两个 H—C—H

面不在同一平面上.

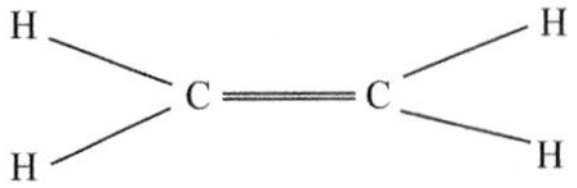

图 1.18

12. $D_{nd}(D_n+n\sigma_d)$

$$D_{2d}(D_2+2\sigma_d)=(E,C_2,2S_4,2C_2',2\sigma_d),\quad g=8.$$

例如,$H_2C=C=CH_2$,两个 H—C—H 平面相互垂直.

13. D_{nh}

$$D_{nh}(C_{nv}+\sigma_h)=D_{nh}(C_n+n\sigma_v+\sigma_h)=D_{nh}(C_n+n\sigma_v+nC_2\perp C_n+\sigma_h)$$

例如,苯分子 C_6H_6

$$D_{6h}(E,C_6,C_6^2,\cdots,C_6^5,3\sigma_v,3\sigma_d,3C_2',3C_2'',\sigma_h,5C_6^n\sigma_h)$$

如图 1.19 所示.

现讨论复合对称动作 $C_6^n\sigma_h$.

$C_6^1\sigma_h\rightarrow S_6$

$C_6^2\sigma_h\rightarrow C_3\sigma_h\rightarrow S_3$, $C_6^3\sigma_h\rightarrow C_2\sigma_h\rightarrow i$

$C_6^4\sigma_h\rightarrow C_6^{10}\sigma_h\rightarrow C_3^5\sigma_h\rightarrow S_3^5$

$C_6^5\sigma_h\rightarrow S_6^5$

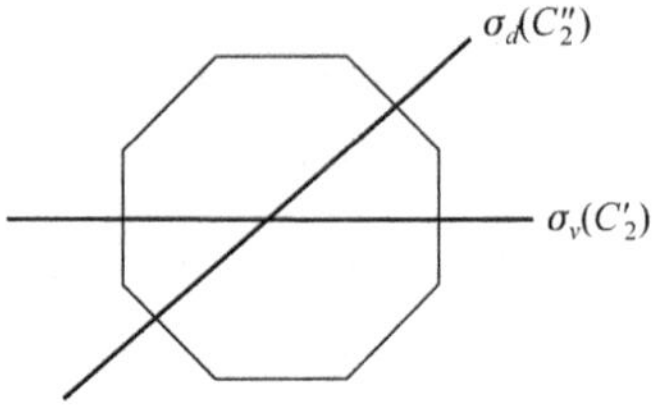

图 1.19

因而按类的方式列出 D_{6h} 群元素为

$$D_{6h}(E,C_6C_6^5,C_6^2C_6^4,C_6^3,3\sigma_v,3\sigma_d,3C_2',3C_2'',\sigma_h,i,S_6S_6^5,S_3S_3^5)$$
$$=(E,2C_6,2C_3,C_2,3C_2',3C_2'',i,2S_3,2S_6,\sigma_h,3\sigma_v,3\sigma_d)$$
$$g=4n=24,\quad N_{\text{classes}}=12$$

习题 1.4 核验 D_{6h} 群的元素和类数.

1.5 点群的分类(2)

1. 群的直积

(1) **定义** 有两个群 $H(E,H_2,H_3,\cdots,H_h)$ 和 $K(E,k_2,k_3,\cdots,k_k)$,若①除单位元素 E 之外, H 和 K 无共同元素;②所有元素有以下的对易关系 $H_iK_j=K_jH_i$,则可以定义直积为

$$F=H\otimes K$$
$$=(E,EK_2,EK_3,\cdots,EK_k;H_2E,H_2K_2,H_2K_3,\cdots,H_2K_k,\cdots,H_hE,$$
$$H_hK_2,H_hK_3,\cdots,H_hK_k)=(H_\alpha K_\beta)$$

式中,$H_\alpha\in H,K_\beta\in K,g_H=h,g_K=k,g_F=gk$.

(2) $F=H\otimes K=(H_\alpha K_\beta)$称为直积群,它满足群的公理

封闭性. $H_\alpha K_\beta H_iK_j=H_\alpha H_iK_\beta K_j=H_mK_n\in F$.

单位元. $E_H E_K = E_F$.

逆元素. $(H_m K_n)^{-1} = K_n^{-1} H_m^{-1} \in F$.

(3) 例如

$$H = C_s(E, \sigma_h), \quad g = 2$$

$$K = D_6(E, C_6 C_6^5, C_6^2 C_6^4, C_6^3 = C_2, 3C_2', 3C_2''), \quad g = 12$$

若这两个群除单位元素 E 之外,无共同元素;所有元素存在群之间的对易关系,则可以定义直积为

$$\begin{aligned} D_{6h} &= C_S \otimes D_6 = (E, \sigma_H) \otimes (E, 2C_6, 2C_3, C_2, 3C_2', 3C_2'') \\ &= (E, 2C_6, 2C_3, C_2, 3C_2', 3C_2'', \sigma_H E, 2C_6\sigma_H, 2C_3\sigma_H, C_2\sigma_H, 3C_2'\sigma_H, 3C_2''\sigma_H) \\ &= (E, C_6 C_6^5, C_6^2 C_6^4, C_6^3, 3C_2', 3C_2'', \sigma_h, i, S_6 S_6^5, S_3 S_3^5, 3\sigma_v, 3\sigma_d) \\ &= (E, 2C_6, 2C_3, C_2, 3C_2', 3C_2'', i, 2S_3, 2S_6, \sigma_H, 3\sigma_d, 3\sigma_v) \end{aligned}$$

$$g = 4n = 24, \quad N_{\text{classes}} = 12$$

2. T_d,正四面体群(tetrahedral group). 例如,CH_4,CCl_4

$T_d(E, 8C_3, 3C_2, 6S_4, 6\sigma_d)$,$g = 24$,$N_{\text{classes}} = 5$,如图 1.20 所示.

T_d 群的主轴是 C_3 轴. 所谓正体多面体群,即系统主轴多于一个,而 T_d 群有 4 个主轴,即 4 个 C_3 轴. T_d 的主轴 C_3 是从一个顶点出发到对面正三角形的中心.

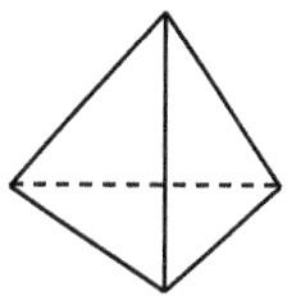

图 1.20

T_d 群有 4 个顶点.

T_d 群有 4 个等边三角形,即有 4 个等边三角平面,每 3 个等边三角平面共连 1 个顶点.

T_d 群有 6 个边.

这样 $T_d(E, 8C_3, 3C_2, 6S_4, 6\sigma_d)$ 群有如下的对称动作:

因为通过顶点的主轴是 C_3 轴,则有两个 C_3 动作,即 C_3 和 C_3^2,故共计 8 个 C_3 动作.

还有 $6\sigma_d$,每个 σ_d 含主轴并平分对面的等边三角平面.

从旋转-反射动作的讨论可知,这个正四面体群有 S_4 交错轴,而每个 S_4 对穿等分两个相对的边,而每个 S_4 轴有 S_4, S_4^2, S_4^3, S_4^4 动作,而 $S_4^4 = E$, $S_4^2 = (\sigma_h C_4)^2 = C_2$;因为 6 个边共 3 对,则有 3 个 C_2 动作,而 S_4, S_4^3 导致 6 个 S_4 动作.

3. O_h,正八体群(octahedral group). 例如,$(FeF_6)^{3-}$,如图 1.21 和图 1.22 所示

$$O_h(E, 8C_3, 6C_2, 6C_4, 3C_2', i, 6S_4, 8S_6, 3\sigma_h, 6\sigma_d), \quad g = 48, \quad N_{\text{classes}} = 10$$

其投影如下:群 O_h 除了单位元素 E 和对称中心 i 之外,还有 3 个 σ_h,因而有 6 个 σ_d.

群 O_h 有 3 个主轴 C_4,每个主轴 C_4 都有对称动作 $C_4, C_4^2 = C_2', C_4^3, C_4^4 = E$,因而有 6 个 C_2,有 6 个 C_4 动作,即对每个主轴有 C_4 和 C_4^3 动作.

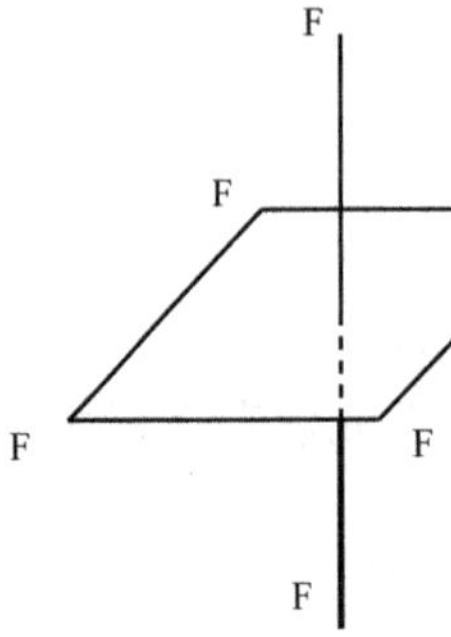

图 1.21

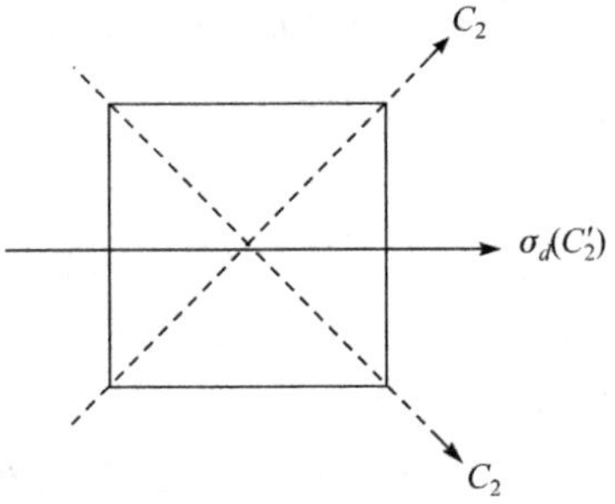

图 1.22

还有 3 个反轴 S_4(与 3 个主轴 C_4 同轴),对每个反轴 S_4 有对称动作:S_4,$S_4^2=(C_4\sigma_h)^2=C_2'$,$S_4^3$,$S_4^4=E$,即有上述的 3 个 C_2'和 6 个 S_4.

还有 4 个 S_6 轴,因为它有 8 个等边三角平面,在每两个(上面的一个等边三角平面)与其斜角相对的一个(下面的一个等边三角平面)形成一个 S_6,如图 1.23 所示.

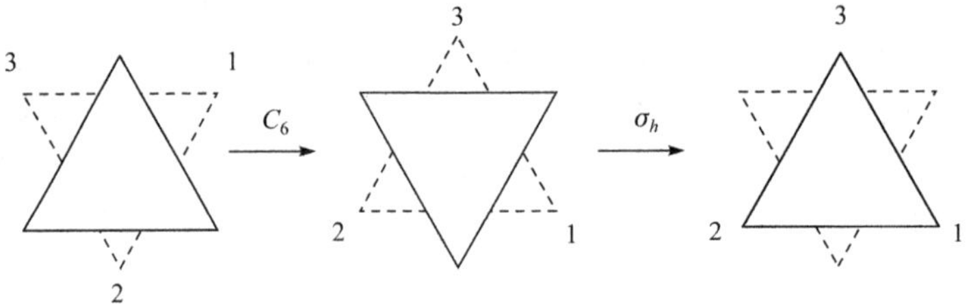

图 1.23

在第一个图形中,下面的一个等边三角平面为虚线所示,即 1,2,3 点所示;经顺时钟旋转 60°,即 C_6 动作后,上下的图形都经顺时钟旋转 60°,其中下面的一个等边三角平面的虚线位置的 1,2,3 点分别顺时钟旋转 60°得到第二个图形;再经过动作 σ_h,图形复原,即完成 S_6 动作,如 $C_6\sigma_h=S_6$. 共计 4 个 S_6,其中

$(S_6, S_6^2=C_6^2\sigma_h^2=C_3, S_6^3=C_6^3\sigma_h^3=C_2\sigma_h=i, S_6^4=C_6^4\sigma_h^4=C_3^2, S_6^5)\times 4\rightarrow 8S_6, 8C_3, i$

即有 $8S_6$,$8C_3$,i. 再加上群 O_h 的 3 个主轴 C_4 的对称动作,即 6 个 C_2,有 6 个 C_4 动作,以及 3 个反轴 S_4,即 3 个 C_2'和 6 个 S_4,4 个 S_6 轴的动作 $8S_6$,$8C_3$,i 和 3 个 σ_h,6 个 σ_d,则总计为

$$O_h(E, 8C_3, 6C_2, 6C_4, 3C_2', i, 6S_4, 8S_6, 3\sigma_h, 6\sigma_d),\quad g=48,\quad N_{\text{classes}}=10$$

4. $C_{\infty V}$. 例如,分子 H—Cl,H—C≡C—Cl,H—C≡N,以及非对称的共线分子

它有无穷阶轴 C_∞,即转动无穷小角$\dfrac{2\pi}{\infty}$,其阶是无穷大,即有 C_∞ 轴,还有 σ_v 垂

直对称平面，有无穷多个. 无对称中心 . 群的阶为无穷大，即 $g=\infty$.

5. $D_{\infty h}$. 例如，分子 H—H，H—C≡C—H，以及对称的共线分子

它有一无穷阶轴 C_∞，即转动无穷小角$\frac{2\pi}{\infty}$，其阶是无穷大，即有 C_∞ 轴，还有 σ_v 垂直对称平面，有无穷多个. σ_h 水平对称平面，因而有对称中心 i，而群的阶为无穷大，即 $g=\infty$.

第 2 章　抽象群理论

2.1　子　　群

1. 定义

若群 G 的子集 H 在群 G 的相同组合规则(composition law)下是群,则 H 是群 G 的子群(subgroup).

例 1　若群 $G=C_{4v}(E,2C_4,C_2,2\sigma_v,2\sigma_d)$,而 $H=C_4(E,2C_4,C_2)$也是群,而且 $H<G$,则 H 是 G 的子群,这时称 H 为 G 的真子群.

单位元 E 和 G 也是子群,称为平凡子群.

例 2　若群 $G=C_{2v}(E,C_2,\sigma_{v(xz)},\sigma_{(yz)})$,而 $H=C_2(E,C_2)$,则 $C_2(E,C_2)$是 G 的真子群.

例 3　若群 $G=C_{3v}(E,2C_3,3\sigma_v)$,而 $H=C_3(E,2C_3)$也是群,或 $H=C_s(E,\sigma)$,而且 $H<G$,则 H 都是 G 的真子群.

例 4　若群为 $G=C_{4v}(E,2C_4,C_2,2\sigma_v,2\sigma_d)$,而 $H=C_{2v},C_4,C_2$ 或 C_3 都是真子群.

例 5　若群为 $G=T_d$,而 $H=T,C_{3v},D_{2d},C_{2v}$或 C_3 等都是真子群.

2. 定理一

若以下两点成立

(1) 若群元素 $A,B\in H$, 有 $AB\in H$;

(2) 若群元素 $A\in H$, 有 $A^{-1}\in H$;

则 H 是 G 的子群.

证明　现在要证明当上述两点成立时,则群的公理的四点都成立,因而 H 是 G 的子群.

上述第一点已表明封闭性成立. 因为 $H\in G$,所以,对 H 其结合律也成立. 上述第二点表明逆元素存在. 现在只要证明单位元 E 的存在,则群公理的四点都成立. 根据第二点,当群元素 $A\in H$, 则有 $A^{-1}\in H$,进而由第一点,若 $A,A^{-1}\in H$ 则 $AA^{-1}=E\in H$,即存在单位元 E. 现在已证明由上述两点成立,则群的公理的四点都成立,因而 H 是 G 的子群.

3. 定理二

当群元素 $A,B\in H$,如有 $AB^{-1}\in H$,则 H 是 G 的子群.

证明　现在要证明当以上所述成立时，则群的公理的四点都成立，因而 H 是 G 的子群. 单位元 E 是存在的，因为由所述，当 $A, A^{-1} \in H$ 时，则 $AA^{-1}=E \in H$；逆元素 A^{-1} 也存在，因为当 $E, A \in H$ 时，$EA^{-1}=A^{-1} \in H$；现证明封闭性成立，由逆元素的存在，有 $B \in H$，即有 $B^{-1} \in H$，进一步，若 $B, B^{-1} \in H$，则 $A(B^{-1})^{-1}=AB \in H$. 总述：当有 $A, B \in H$，如 $AB^{-1} \in H$，因而群的公理都成立，故 H 是 G 的子群.

4. 定理三

若元素 $A, B \in H$，即有 $AB \in H$，则 H 是 G 的子群.

证明　现在要证明当以上所述成立时，群的公理的四点都成立，即仅由封闭性"若元素 $A, B \in H$，即有 $AB \in H$"，即可直接证明. 结合律成立，因为 $H \in G$；逆元素存在，由定理所给出，$A, B \in H$，有 $AB \in H$，因而若 $B=A$，则有 $A^2 \in H$，进而则有 $A^2A \in H, \cdots, A^m \in H$. 因为 H 是有限的，则必有 $A^k=A^m$，若 $k>m+1$，如 $k-m-1=$ 自然数，因而有 $A^{k-m-1}=A^kA^{-m}A^{-1}=A^{-1} \in H$，即存在逆元素；单位元 E 存在，若 $A \in H$，则有 $A^{-1} \in H$，进而 $AA^{-1}=E \in H$. 因而若仅有条件"元素 $A, B \in H$，即有 $AB \in H$"，则 H 是 G 的子群.

2.2　陪　　集

设有限群 G 其阶为 g，子群 $H(E, A, B, C, \cdots, F)$ 其阶为 h .

1. 子群 $H(E, A, B, C, \cdots, F)$ 的重排(the rearrangement of subgroup H)

由元素 $D \in H$ 前乘子群 H，即 $DH=H(DE, DA, DB, DC, \cdots, DF) \in H$，前乘子群 H 后的集合，显然仍属于子群 H，DH 仅是重排，即若 $D \in H$，则 $DH=H$.

2. 陪集(coset)的定义

若 $S_2 \in G$，但是不属于子群 H，即 $S_2 \bar{\in} H$，则

$$S_2H=(S_2E, S_2A, S_2B, \cdots, S_2F)$$

称为在 G 中对 S_2 而言 H 的左陪集. 同理，还有右陪集

$$HS_2=(ES_2, AS_2, BS_2, \cdots, FS_2)$$

3. 左陪集或右陪集不是群

证明　因为在 $S_2H=(S_2E, S_2A, S_2B, \cdots, S_2F)$ 中的任何元素都不属于 H. 用反证法来证明，设 $S_2A \in H$，则 $S_2AA^{-1}=S_2 \in H$，这与假设 $S_2 \bar{\in} H$ 相矛盾. 所以，交

集 $S_2H\cap H$=零集，因而 S_2H 中无单位元素，所以左陪集不是群. 同理可证明右陪集不是群.

4. 在群 G 中子群 H 的两个陪集 S_2H 和 S_3H，它们或者全同或无共同元素

证明 设有一共同元素 $S_2H_i=S_3H_j$，其 $H_i,H_j\in H$. 则有

$$S_3^{-1}S_2H_iH_i^{-1}=S_3^{-1}S_3H_jH_i^{-1}=H_jH_i^{-1}$$

即

$$S_3^{-1}S_2=H_jH_i^{-1}\in H$$

重排后

$$(S_3^{-1}S_2)H=(H_jH_i^{-1})H=H,\text{则 } S_2H=S_3H$$

即全同，否则

$$S_2H\cap S_3H=\varnothing$$

5. Lagrange 定理

群 G 的有限子群 H 的阶 h 是群 G 的阶 g 的整除数，即 $\frac{g}{h}=l$，l 是整数.

证明 因为

$$S_2H\cap H=\varnothing,\quad S_3H\cap H=\varnothing,\quad \cdots$$

其中 $S_2,S_3\in G$，$S_2,S_3\bar{\in}H$. 所以，$H,S_2H,S_3H,\cdots$ 是完全不同的，因而有

$$G=H\oplus S_2H\oplus S_3H\oplus\cdots\oplus S_lH$$

即有 $h\times l=g$ 或 $l=\frac{g}{h}$. 相似地

$$G=H\oplus HS_2\oplus HS_3\oplus\cdots\oplus HS_l$$

实例

$$G=C_{3V}(E,C_3,C_3^2,\sigma_v',\sigma_v'',\sigma_v'''),g=6$$
$$H=C_3(E,C_3,C_3^2),\quad h=3$$

因而 $l=\frac{g}{h}=\frac{6}{3}=2$，2 是整除数. 所以，有 $G=H\oplus S_2H$.

习题 2.1 设群 $G=C_{3v}$，子群 $H=C_3$，而 $S_2=\sigma_v'\in G$，$\sigma_v'\bar{\in}H$，试指出

$$S_2H=\sigma_v'(E,C_3,C_3^2)=(\sigma_v',\sigma_v'',\sigma_v''')$$

因而

$$C_{3v}=H\oplus S_2H=(E,C_3,C_3^2,\sigma_v',\sigma_v'',\sigma_v''')$$

习题 2.2 设 H 是 G 的子群，则任意两个不同的元素 $x,y\in G$ 可生成相同的陪集 $Hx=Hy$. 证明：$xy^{-1}\in H$ 是 $Hx=Hy$ 成立的必要和充分条件.

证明 必要条件. 若 $Hx=Hy$ 成立，则可能有 $x=Ex\in Hy$. 设某元素 $u\in H$，

使得 $x=uy$ 或 $xy^{-1}=u\in H$.

充分条件. 若 $xy^{-1}\in H$,可前乘 H,即 $Hx=Huy=Hy$,因而两个陪集或者全同或无共同元素.

习题 2.3　若 G 是有限群,阶为 g,并且其每个元素的周期(r,周期的定义为 $A^r=E$)是阶 g 的整除数,则群 G 的所有元素满足 $A^g=E$.

证明　(1) 因为群 G 是有限群,所以每个元素的周期也是有限的,如为($r,A^r=E$),所以 r 也是有限的,如为 $A,A^2,A^3,\cdots,A^r=E$. 这是循环群. 由 Lagrange定理必有 $\frac{g}{r}=s$,s 是整数.

(2) 因而 $A^g=A^{rs}=(A^r)^s=(E)^s=E$.

习题 2.4　阶为素数 g 的群 G 将无真子群,必为循环群.

证明　(1) 所谓素数是只有 1 和素数本身才是其整除数的数,例如,在 100 之内的素数有 2,3,5,7,11,13,17,19,…,89,97.

(2) 因为群 G 的阶为素数 g,只有 1 或 g 才能整除 g,按 Lagrange 定理,即其子群只有单位元和 G 本身,即只有平凡子群,而无真子群. 而且有 $\frac{g}{r}=s$,其中 r 只能为 1 或 g, 若 $A\in G$,则 $A^g=A^{rs}$,当 $r=g$ 时 $s=1$;当 $r=1$ 时 $s=g$,根据习题 2.3,有 $A^g=E$,即有 $A,A^2,A^3,\cdots,A^g=E$,为循环群.

2.3　正规子群或不变子群

1. 共轭子群(conjugated subgroup)

回顾一下关于共轭元素,如

$$B=SAS^{-1},\quad C=S'AS'^{-1},\cdots,$$

则($A,B,C,\cdots$)属于同一共轭类. 现将这一概念推广到共轭子群. 设有群 G 和其子群 $H(A,B,C,\cdots)$,若 $A,B\in H$,有 $AB=C\in H$,对任意 $S\in G$,若有

$$\left.\begin{array}{r}SAS^{-1}\\ SBS^{-1}\\ SAS^{-1}SBS^{-1}=SABS^{-1}=SCS^{-1}\end{array}\right\}\in SHS^{-1}$$

则 SHS^{-1} 称为在 G 中 H 的共轭子群,而 H 可能有很多的共轭子群.

2. 正规子群

定义 1　若 $SHS^{-1}=S'HS'^{-1}=\cdots=S''HS''^{-1}=H$,即群 G 中所有 H 的共轭子群都等于 H 本身,则 H 称为正规子群(normal subgroup)或不变子群(invariant subgroup).

习题 2.5 证明 $C_3(E,C_3,C_3^2)$是 $C_{3v}(E,C_3,C_3^2,\sigma'_v,\sigma''_v,\sigma'''_v)$的正规子群,即为 $\sigma'_vC_3\sigma'_v=\sigma''_vC_3\sigma''_v=\sigma'''_vC_3\sigma'''_v=C_3(E,C_3,C_3^2)$.

定义 2 设群 H 是G 的子群,若对任何 $S\in G$,都有 $SH=HS$,则 H 为正规子群.

定义 1 与 定义 2 是等价的. 因为由 SHS^{-1}可导出 $SH=HS$,而G 和E 是平凡正规子群.

2.4 因子群(商群)

定理 设 H 是G 的正规子群,并且 G 等于下述直和

$$G=H\oplus S_2H\oplus S_3H\oplus\cdots\oplus S_iH\oplus\cdots\oplus S_lH$$

视其中每项 S_iH 为单一元素,即 $F_1=H,F_2=S_2H,\cdots,F_i=S_iH,\cdots,F_l=S_lH$,然后,$(F_1,F_2,\cdots,F_i,\cdots,F_l)=(SH)$是群,称为因子群(商群)(factor group or quotient group),表示为 G/H.

证明 集合$(F_1,F_2,\cdots,F_i,\cdots,F_l)=(SH)$是一群.

(1) 陪集的相乘.

因为对陪集 $S_iH=(S_iE,S_iA,S_iB,\cdots)$和 $S_jH=(S_jE,S_jA,S_jB,\cdots)$,有陪集的相乘 S_iHS_jH,它显然表示元素相乘 S_iAS_jB 等的集合;相反,元素相乘 S_iAS_jB 等的集合表示陪集的相乘.

(2) 因为 H 是G 的正规子群,则有

$$S_j^{-1}HS_j=S_i^{-1}HS_i=\cdots=S_k^{-1}HS_k=H$$

因此,有

$$\begin{aligned}S_iAS_jB&=S_iS_jS_j^{-1}AS_jB=S_iS_j(S_j^{-1}AS_j)B\\&=S_iS_jDB=S_kC\end{aligned}$$

S_iA,S_jB 和 S_kC 分别表示存在 S_iH,S_jH 和 S_kH. 这表示若 $S_iH,S_jH\in(F_1,F_2,\cdots,F_l)=(SH)$,则 $S_kH\in SH$,所以,表示

$$\begin{aligned}(SH)&=(H,S_2H,\cdots,S_iH,\cdots,S_lH)\\&=(F_1,F_2,\cdots,F_i,\cdots,F_l)\end{aligned}$$

是群,并称为商群,表示为 G/H.

2.5 加 法 群

1. 群公理

三维向量的集 R_3 是加法群(additive group，Abelian)，这时群公理的四点表现如下：

(1) 封闭性. 对于向量 A,B，当 $A,B\in R_3$时，有

$$A+B=C\in R_3$$

(2) 结合律. 这时有 $(A+B)+C=A+(B+C)$.

(3) 单位元 0. 若 $0\in R_3$，则 $0+A=A+0=A$.

(4) 逆元素$-A$. 若 $A\in G$，则$-A\in R_3$.

2. R_2 是 R_3 的加法子群

因为 R_2 是 XOY 平面上向量的集，$R_2<R_3$，R_2 有单位向量 0，封闭性成立，即若 $A,B\in R_2$，则 $A+B\in R_2$.

3. 共轭子群

因为 R_2 是 R_3 的子群，若 $S\in R_3$，但是不属于子群 R_2，即 $S\bar{\in}R_2$，则 $S+R_2-S$ 是在 R_3 中加法下 R_2 的共轭子群. 这可与乘法群的共轭子群 SHS^{-1} 形式加以比较.

4. 正规子群(不变子群)

因为 $R_2<R_3$，若 $A,B,\cdots\in R_2$，而 $S,S',\cdots\in R_3$，但是 $S,S',\cdots$ 不属 R_2，即 $S,S',\cdots\bar{\in}R_2$，则有

$$S+A-S=S'+A-S'=\cdots=A$$

因而有

$$S+R_2-S=S'+R_2-S'=\cdots=R_2$$

所以 R_2 是正规子群(不变子群).

5. 陪集

如 $S\in R_3$，但是不属 R_2，即 $S\bar{\in}R_2$，则 $S+R_2$ 是在 R_3 中加法下就 S 而言R_2 的陪集(coset). 对加法的陪集，可作图 2.1 解释.

$S+R_2$ 即表示有 $S+A=\vec{S}+\vec{A}$，$S+B=\vec{S}+\vec{B}$，$\cdots$成立，显然，向量 $\vec{A}$ 在 XOY 平面中，属于 R_2，不属于 R_3，即 $\vec{A}\bar{\in}R_3$；而向量 $\vec{S}\in R_3$，而不属于 R_2，即 $\vec{S}\bar{\in}R_2$；而

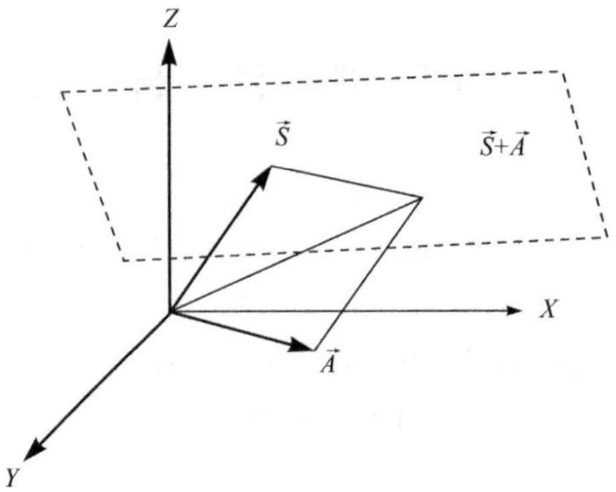

图 2.1

这两个向量的和,$\vec{S}+\vec{A}\bar{\in}R_2$,即不在 XOY 平面中. 因而,所有 $\vec{S}+\vec{A}$,$\vec{S}+\vec{B}$ 等在垂直于 Z 轴的平面中,即 $S+R_2$ 是垂直于 Z 轴的平面.

显然,所有 $S,S_2,S_3,\cdots\in R_3$,而 $S,S_2,S_3,\cdots\bar{\in}R_2$ 的向量都会构成一系列的垂直于 Z 轴的平面,即 $S+R_2,S_2+R_2,S_3+R_2,\cdots$是在 R_3 中 R_2 的加法群的陪集. 这可以看到陪集的几何意义.

6. 加法群的因子群(商群)

若将 $R_2,S_2+R_2,S_3+R_2,\cdots$均视为单一元素,则集$(R_2,S_2+R_2,S_3+R_2,\cdots)=(F_1,F_2,F_3,\cdots)$是因子群,可表示为 R_3/R_2. 如何指出 $F_1,F_2,F_3,\cdots$的几何意义? 将 $R_2,S_2+R_2,S_3+R_2,\cdots$投影到 OZ 轴上即可得到

$$R_2\rightarrow F_1$$
$$S_2+R_2\rightarrow F_2$$
$$S_3+R_2\rightarrow F_3$$
$$\cdots\cdots$$

型式上对比,如 $S_2+R_3\rightarrow F_3$,如三角学一样. 例如,$45°,45°+2\pi,45°+3\pi,\cdots$是不同的,但是它们的三角函数值是相同的.

2.6 同　构

1. 映射

映射是现代数学工具,用于比较任何两个集 M 和 N(有限或无限的),设

$$M(\text{源})\qquad N(\text{像})$$

$$a\xrightarrow{\text{映射(mapping)}}b=\sigma(a)$$

这称为 σ 将 M 映射(into)到 N 内,如果 N 的任何元素都是 M 的元素的像,就称 σ

将 M 映射(onto)到 N 之上

例如，$M(123)$，$\sigma=\sin$，$N(b_1b_2b_3)$，即 $\sin 1=b_1$，$\sin 2=b_2$，$\sin 3=b_3$，这可表述为

$$\sigma=\begin{pmatrix}1 & 2 & 3\\ b_1 & b_2 & b_3\end{pmatrix}\begin{matrix}\to 源\\ \to 像\end{matrix}$$

称 σ 将 M 映射到 N 之上.

若 $N=M=(123)$，且有

$$\sigma=\begin{pmatrix}1 & 2 & 3\\ 2 & 1 & 3\end{pmatrix}\begin{matrix}\to 源\\ \to 像\end{matrix}$$

则称 σ 将 M 映射到自己 M 之上的 1-对-1 映射，即任何 N 的元素都是像，并都只有一个源.

若 $N=M=(123)$，而有

$$\sigma=\begin{pmatrix}1 & 2 & 3\\ 2 & 2 & 3\end{pmatrix}\begin{matrix}\to 源\\ \to 像\end{matrix}$$

这不是 1-对-1 映射，而是多-对-1 映射.

若集是有限的，则称 σ 为置换(permutation)；若集是无限的，则称 σ 为变换(transformation).

2. 同构(isomorphism)的定义

设有两个群 $G(EAB\cdots)$，$G'(E'A'B'\cdots)$，若以下条件成立

(1) σ 映射 $G(EAB\cdots)$ 到 $G'(E'A'B'\cdots)$ 上，即 1-对-1 映射，即

$$\sigma: G\leftrightarrow G'$$

即任何 $G'(E'A'B'\cdots)$ 的元素都是像，并都只有一个源.

(2) $\sigma(AB)=\sigma(A)\sigma(B)$，这表示源的像的乘积等于源的乘积的像，则这个映射特殊地称为 $G(EAB\cdots)$ 映射到 $G'(E'A'B'\cdots)$ 上的同构，或 $G(EAB\cdots)$ 与 $G'(E'A'B'\cdots)$ 同构，即 $G\cong G'$.

3. 定理

若 $G\cong G'$，如封闭性对 G 成立，则封闭性对 G' 也成立，若 G 是群，则 G' 也是群.

证明　因为 $G\cong G'$，则有

(1) 因 $G\leftrightarrow G'$，即有 $\sigma(A)=A'\in G'$，$\sigma(B)=B'\in G'$.

(2) 由 $\sigma(AB)=\sigma(A)\sigma(B)=\sigma(C)$，因为 $A,B\in G$，$AB\in G$，即封闭性对 G 成立；由(1)点有 $A'B'=C'$，若 $A',B'\in G'$，则 $A'B'\in G'$，$C'\in G'$，即封闭性对 G' 成立，故 G' 也是群. 因而 σ 用于比较 G 和 G'.

4. 实例

$G=(1,\mathrm{i},-1,-\mathrm{i})$ 和 $G'=(\delta_0,\delta_{90},\delta_{180},\delta_{270})$，因为

(1) $\sigma: G \leftrightarrow G'$，即 $1 \to \delta_0$，$\mathrm{i} \to \delta_{90}$，$-1 \to \delta_{180}$，$-\mathrm{i} \to \delta_{270}$.

(2)有 $\sigma(AB)=\sigma(A)\sigma(B)$，如 $A=\mathrm{i}$，$B=-1$，则

$$\sigma(AB)=\sigma(A)\sigma(B)=\sigma(\mathrm{i})\sigma(-1)=\delta_{90}\delta_{180}=\delta(-\mathrm{i}\times 1)=\delta(-\mathrm{i})=\delta_{270}$$

所以，σ 是同构，即 $G \cong G'$.

尽管 G 和 G' 是不同的，但 G 和 G' 有相同的代数结构和相同的群表.

5. 自同构和自同构群

若 σ 映射 $G(EAB\cdots)$ 到 G 自身，并有

(1) $\sigma: G \leftrightarrow G$.

(2) $\sigma(AB)=\sigma(A)\sigma(B)$.

则称 σ 是映射 $G(EAB\cdots)$ 到 G 自身上的自同构. 所有这样的自同构的集($\sigma, \sigma', \sigma''$, $\cdots$)是自同构群.

2.7 同　　态

1. 定义

设有两个群 $G(EAB\cdots)$ 和 $G'(E'A'B'\cdots)$，若

(1) σ 映射 $G(EAB\cdots)$ 到 $G'(E'A'B'\cdots)$ 上，但是多-对-1，即

$$\sigma: G \to G'$$

$G'(E'A'B'\cdots)$ 的每个元素都是像，但有多于 1 个的源元素. 例如

$$\begin{pmatrix} A' & A' & A' & \cdots \\ A_1 & A_2 & A_3 & \cdots \end{pmatrix} \begin{matrix} \to 像 \\ \to 源 \end{matrix}$$

$$\begin{pmatrix} B' & B' & B' & \cdots \\ B_1 & B_2 & B_3 & \cdots \end{pmatrix} \begin{matrix} \to 像 \\ \to 源 \end{matrix}$$

$$\begin{pmatrix} C' & C' & C' & \cdots \\ C_1 & C_2 & C_3 & \cdots \end{pmatrix} \begin{matrix} \to 像 \\ \to 源 \end{matrix}$$

两个群 $G(EAB\cdots)$ 和 $G'(E'A'B'\cdots)$ 的阶数不相同.

(2) $\sigma(A_i)\sigma(B_j)=\sigma(A_iB_j)$.

这样，称 σ 为 $G(EAB\cdots)$ 映射到 $G'(E'A'B'\cdots)$ 上的多-对-1 映射，又称为同态(homomorphism)，或称 $G(EAB\cdots)$ 同态于 $G'(E'A'B'\cdots)$，即 $G \sim G'$.

2. 对称群(symmetry group)

设有限集 $M=(1\quad 2\quad 3\quad \cdots\quad n)$，可定义置换 $\hat{P}$ 为

$$\hat{P}=\begin{pmatrix} 1 & 2 & 3 & \cdots & n \\ a_1 & a_2 & a_3 & \cdots & a_n \end{pmatrix}$$

若 $a_1a_2a_3\cdots a_n=123\cdots n$，即

$$\hat{P}=\begin{pmatrix}1 & 2 & 3 & \cdots & n\\ 1 & 2 & 3 & \cdots & n\end{pmatrix}=\hat{E}$$

这是单位置换(identity). 而 $a_1a_2a_3\cdots a_n$ 是 $123\cdots n$ 的阶乘 $n!$ 中的一个. 因而有 $n!$ 个置换，即($\hat{P}_1\hat{P}_2\cdots\hat{P}_{n!}$)，这是对称群. 若 $m<n!$，即为($\hat{P}_1\hat{P}_2\cdots\hat{P}_m$)，则称为置换群. 置换群是对称群的子群.

若置换 $\hat{P}$ 作用在某函数上，$\hat{P}f(123\cdots n)=\pm f(123\cdots n)$，当函数不变时，置换 $\hat{P}$ 称偶置换；若函数变号，则称为奇置换.

3. 实例

设有两个群 $G=(\hat{P}_1\hat{P}_2\cdots\hat{P}_{n!})$ 和 $G'(+1,-1)$，它们满足以下两个条件：

(1) $\sigma:G\to G'$. 所有偶置换 $\hat{P}_E\to+1$，所有奇置换 $\hat{P}_O\to-1$.

(2) 满足 $\sigma(A_i)\sigma(B_j)=\sigma(A_iB_j)$，即

$\hat{P}_i$	$\hat{P}_j$	$\sigma(\hat{P}_i)$	$(\hat{P}_j)$	$=\sigma(\hat{P}_i\hat{P}_j)$
E	O	+1	−1	−1
E	E	+1	+1	+1
O	O	−1	−1	+1

因此，有 $\sigma:G\to G'$. 因而 $G=(\hat{P}_1\hat{P}_2\cdots\hat{P}_{n!})$ 和 $G'(+1,-1)$ 有相似的代数结构.

4. 定理一

若群 G 和集 G' 是同态的，则群 G 的同态像也是群.

5. 定理二

若 $G\sim G'$，当群 G 中所有元素的集 H，如都对应于群 G' 的单位元 E'，则集 H 是群 G 的不变子群，即有当 $G\sim G'$，且

$$H(J_1J_2\cdots)\in G\to E'\in G'$$

时，$H(J_1J_2\cdots)$ 是 G 的不变子群.

证明　(1) 首先要证明 $H(J_1J_2\cdots)$ 是 G 的子群.

因为 $G\sim G'$，所以由给定的对应有 $\sigma(J_iJ_j)=\sigma(J_i)\sigma(J_j)=E'E'=E'$，而当 J_i，$J_j\in H$ 时，则 $J_iJ_j\in H$，所以，H 是 G 的子群.

(2) 要进一步证明 $H(J_1J_2\cdots)$ 是 G 的不变子群，也就是要证明 $SHS^{-1}=H$，$S\in G$，$S\bar{\in} H$，即 $H(J_1J_2\cdots)$ 是 G 的不变子群.

因为 $G\sim G'$，所以有

$$\sigma(SJ_iS^{-1})=\sigma(S)\sigma(J_i)\sigma(S^{-1})=S'E'S'^{-1}=E'$$

即总有 $SJ_iS^{-1}\to E'$，故有

$$SJ_iS^{-1}\in H,$$

即得到 $SHS^{-1}=H, S\in G, S\bar{\in} H$，故 $H(J_1J_2\cdots)$ 是 G 的不变子群.

6. 定理三

若 $G\sim G'$ 且 $H(J_1J_2\cdots)$ 是 G 的不变子群，而集 $\{S\}=\{S_1S_2\cdots\}\in G, \{S_1S_2\cdots\}\bar{\in} H, \{S\}=\{S_1S_2\cdots\}\to S'\in G'$，则 $\{S\}$ 是一陪集.

证明 因为 $G\sim G'$，则有

$$\sigma(S_1^{-1}S_2)=\sigma(S_1^{-1})\sigma(S_2)$$

又因 $\{S\}=\{S_1S_2\cdots\}\to S'\in G'$，则有 $\sigma(S_1^{-1}S_2)=\sigma(S_1^{-1})\sigma(S_2)=S'^{-1}S'=E'$，再因 $H(J_1J_2\cdots)$ 是 G 的不变子群，所以有

$$\sigma(S_1^{-1}S_2)=\sigma(S_1^{-1})\sigma(S_2)=S'^{-1}S'=E'\in G'$$

即有 $S_1^{-1}S_2\in H$，或 $S_2\in S_1H$，进而有 $\{S\}=\{S_1S_2\cdots\}=S_1H$，这是一陪集.

总结有

$$\begin{array}{ccc} G & & G' \\ H\in G & \to & E'\in G' \\ \{S\}\in G & \to & S'\in G' \end{array}$$

则 H 是 G 的不变子群；而 $\{S\}=\{S_1S_2\cdots\}=S_1H$ 是陪集.

7. 定理四

若 $G\sim G'$ 和 $H(J_1J_2\cdots)$ 是 G 的不变子群，则有

$$G'\cong\frac{G}{H}$$

即 G' 与商群 $\frac{G}{H}$ 同构.

证明 由上述定理 6，已知若 $G\sim G'$ 和 $H(J_1J_2\cdots)$ 是 G 的不变子群，而集 $\{S\}=\{S_2S_3\cdots\}\in G, \{S_2S_3\cdots\}\bar{\in} H$，可知 $\{S\}$ 是陪集，则可生成若干陪集 $H, S_2H, S_3H,\cdots$，同时 $\{S\}=\{S_2S_3\cdots\}\to S'\in G'$. 由此生成商群，即 $\{H, S_2H, S_3H, \cdots\}=\frac{G}{H}$，并且本定理可证明 $G'\cong\frac{G}{H}$.

(1) 存在以下 1-对-1 对应关系，即

$$\begin{aligned} \sigma: G/H &\leftrightarrow G' \\ H &\leftrightarrow E' \\ S_2H &\leftrightarrow S' \\ S_3H &\leftrightarrow S'' \\ &\cdots\cdots \end{aligned}$$

(2) 显然有 $\sigma(S_2HH)=\sigma(S_2H)\sigma(H)=S'E'=S'$，因而 $G'\cong\dfrac{G}{H}$成立.

习题 2.6　指出 $C_{4v}(E\ C_4C_4^3\ C_2\ 2\sigma_v\ 2\sigma_d)$在乘法下同态于$U(1,-1)$.

解　C_{4v}的特征标表如下，它有 5 个不可约表示.

C_{4v}特征标表

C_{4v}	E	$C_4C_4^3$	C_2	$2\sigma_v$	$2\sigma_d$
A_1	1	1	1	1	1
A_2	1	1	1	−1	−1
B_1	1	−1	1	1	−1
B_2	1	−1	1	−1	1
E	2	0	−2	0	0

如选 A_2 不可约表示，则有如下的多-对-1 映射对应关系.

(1) 多-对-1 映射.

$$\begin{array}{cc} C_{4v} & \to U(1,-1) \\ E,C_4,C_4^3,C_2\to & +1 \\ 2\sigma_v,2\sigma_d\ \to & -1 \end{array}$$

(2) 满足 $\sigma(A_i)\sigma(B_j)=\sigma(A_iB_j)$. 例如，

$$\begin{array}{ccc} \sigma(C_4)\sigma(C_4^3)=\sigma(C_4C_4^3)=\sigma(E) \\ +1\quad +1 \qquad\qquad\qquad +1 \end{array}$$

例如

$$\begin{array}{c} \sigma(C_4)\sigma(\sigma_d)=\sigma(C_4\sigma_d)=\sigma(\sigma_V) \\ +1\quad -1 \qquad\qquad\qquad -1 \end{array}$$

等. 因此，$C_{4v}(E\quad C_4C_4^3\quad C_2\quad 2\sigma_v\quad 2\sigma_d)$在乘法下同态于$U(1,-1)$. 读者可自己作不同的对应关系，也可选不同的不可约表示，例如，B_2，B_1 等不可约表示.

第 3 章　群的表示理论

3.1　群 的 表 示

1. 引言

设群

$$G=C_{3v}\{E, C_3, C_3^2, \sigma_v', \sigma_v'', \sigma_v'''\}=C_{3v}\{E, 2C_3, 3\sigma_v\}$$

这个 C_{3v}群为 6 阶 3 类．如果用 C_3 作用于物体或波函数，即 $C_3\Psi$，如何用一个矩阵来表示 C_3 动作，又如何用一组矩阵来表示 C_{3v}的全部动作，即用$\{T\}$表示 C_{3v}．一般地，用$\{T\}$表示群 G，即本章讨论的内容.

2. 矩阵表示

设向量$\vec{U}(x_1\ x_2\ x_3)$绕 Z 轴转动θ 角而变为向量$\vec{V}(x_1'\ x_2'\ x_3')$，如图 3.1 所示，这时基矢为$(e_1\ e_2\ e_3)$，它们是正交归一化的，即 $e_ie_j=\delta_{ij}$．这个转动变换可表示如下

$$C_n\vec{U}(x_1\ x_2\ x_3)=\vec{V}(x_1'\ x_2'\ x_3')$$

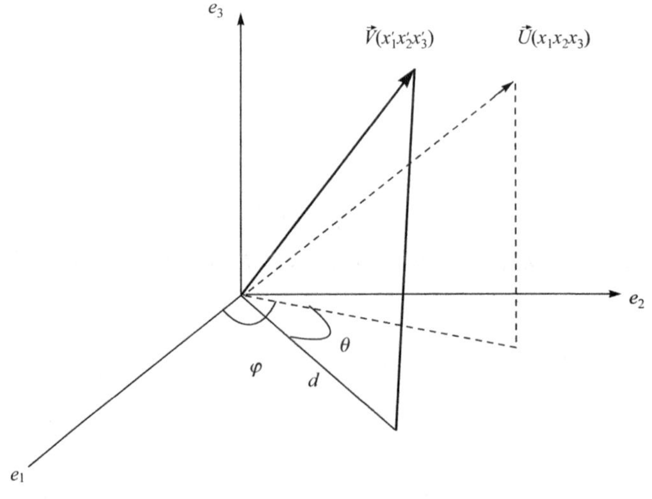

图 3.1　向量的转动示意图

(1) 现在如何用矩阵来代表 C_n 动作？由图 3.1 有

$$x_1'=d\cos(\varphi-\theta)=d\cos\varphi\cos\theta+d\sin\varphi\sin\theta$$

$$
\begin{aligned}
&= d\frac{x_1}{d}\cos\theta + d\frac{x_2}{d}\sin\theta \\
&= x_1\cos\theta + x_2\sin\theta \\
x_2' &= d\sin(\varphi-\theta) = d\sin\varphi\cos\theta - d\cos\theta\sin\theta \\
&= x_2\cos\theta - x_1\sin\theta = -x_1\sin\theta + x_2\cos\theta \\
x_3' &= x_3
\end{aligned}
$$

可写为矩阵形式

$$
\begin{pmatrix} x_1' \\ x_2' \\ x_3' \end{pmatrix} = \begin{pmatrix} \cos\theta & \sin\theta & 0 \\ -\sin\theta & \cos\theta & 0 \\ 0 & 0 & 1 \end{pmatrix} \begin{pmatrix} x_1 \\ x_2 \\ x_3 \end{pmatrix} = T(C_n) \begin{pmatrix} x_1 \\ x_2 \\ x_3 \end{pmatrix}
$$

即有

$$
C_n\vec{U}(x_1x_2x_3) = T(C_n)\vec{U}(x_1x_2x_3) = \vec{V}(x_1'x_2'x_3')
$$

如 $C_n = C_3$，则 $\theta = 120°$，即得到表示矩阵为

$$
T(C_3) = \begin{pmatrix} -\frac{1}{2} & \frac{\sqrt{3}}{2} & 0 \\ -\frac{\sqrt{3}}{2} & -\frac{1}{2} & 0 \\ 0 & 0 & 1 \end{pmatrix}, \quad T(C_3^2) = \begin{pmatrix} -\frac{1}{2} & -\frac{\sqrt{3}}{2} & 0 \\ \frac{\sqrt{3}}{2} & -\frac{1}{2} & 0 \\ 0 & 0 & 1 \end{pmatrix}
$$

$$
T(C_3^3) = \begin{pmatrix} 1 & 0 & 0 \\ 0 & 1 & 0 \\ 0 & 0 & 1 \end{pmatrix} = T(E), \quad T(\sigma_v') = \begin{pmatrix} -1 & 0 & 0 \\ 0 & 1 & 0 \\ 0 & 0 & 1 \end{pmatrix}
$$

由图 3.2 可知，仅对 e_1 反射才变号，而对 e_2 和 e_3 都不变号，故有 σ_v' 的矩阵.

$$
G = C_{3v}\{E \quad C_3C_3^2 \quad \sigma_v' \quad \sigma_v'' \quad \sigma_v'''\} = C_{3v}\{E \quad 2C_3 \quad 3\sigma_v\}
$$

而由同构关系，得到

$$
T(\sigma_v'') = T(C_3^2)T(\sigma_v') = \begin{pmatrix} \frac{1}{2} & -\frac{\sqrt{3}}{2} & 0 \\ -\frac{\sqrt{3}}{2} & -\frac{1}{2} & 0 \\ 0 & 0 & 1 \end{pmatrix}
$$

$$
T(\sigma_v''') = T(C_3)T(\sigma_v') = \begin{pmatrix} \frac{1}{2} & \frac{\sqrt{3}}{2} & 0 \\ \frac{\sqrt{3}}{2} & -\frac{1}{2} & 0 \\ 0 & 0 & 1 \end{pmatrix}
$$

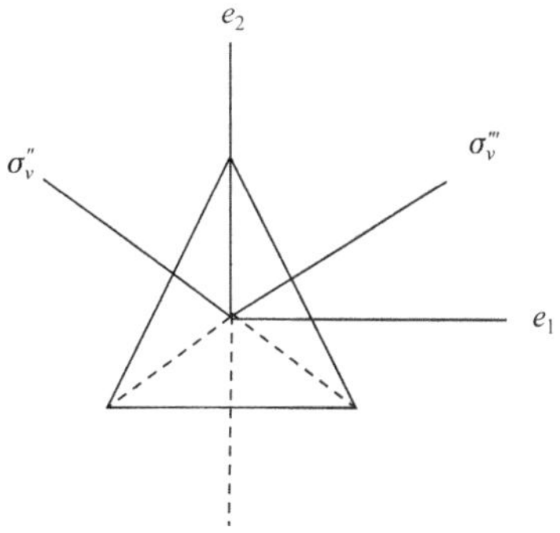

图 3.2

(2) 因而可用一组矩阵 $\{T\} = \{T(E) \quad T(C_3) \quad T(C_3^2) \quad T(\sigma_v') \quad T(\sigma_v'')$

$T(\sigma_v''')\}$来表示群 $C_{3v}\{E \quad C_3 \quad C_3^2 \quad \sigma_v' \quad \sigma_v'' \quad \sigma_v'''\}$. 因为 $C_{3v}\{E \quad C_3 \quad C_3^2 \quad \sigma_v' \quad \sigma_v'' \quad \sigma_v''\}$与$\{T\}=\{T(E) \quad T(C_3) \quad T(C_3^2) \quad T(\sigma_v') \quad T(\sigma_v'') \quad T(\sigma_v''')\}$ 同构,即 $C_{3v}\cong T$. 这时必有

① 映射 σ 将 C_{3v}映射到 T 上,即 1-对-1 映射.

② $\sigma(AB)=\sigma(A)\sigma(B)$. 例如,$T(\sigma_v''')=T(C_3\sigma_v')=T(C_3)T(\sigma_v')$,即 $C_{3v}\cong T$.

(3) 可由转动一组向量或一组基矢或一组函数而推导得到矩阵表示.

(4) 基矢为$(e_1 \ e_2 \ e_3)$的向量空间 $R_3(\vec{U} \ \vec{V}\cdots)$对 C_{3v}是封闭的,即

$$A\vec{U}\in R_3,\text{如 } A\in C_{3v}$$

3. 群表示的定义

设有两个群,即 $G(EAB\cdots)$和 $T(T(E)T(A)T(B)\cdots)$,其矩阵均为同阶并都为非奇异的,若 $AB=C\in G$,即有 $T(A)T(B)=T(C)$,则集合 T 是 G 的表示.

矩阵的阶是群表示的维,例如,上述的$\{T\}=\{T(E) \quad T(C_3) \quad T(C_3^2) \quad T(\sigma_v') \quad T(\sigma_v'') \quad T(\sigma_v''')\}$ 是 C_{3v}群的三维表示 .

4. 简述矩阵

(1) **定义** 矩阵是二维数组,即

$$\begin{pmatrix} a_{11} & \cdots & a_{1n} \\ \vdots & & \vdots \\ a_{n1} & \cdots & a_{nn} \end{pmatrix},n\text{ 行 }n\text{ 列的方阵}$$

(2) 矩阵的运算.

加法:$A\pm B=C$,即 $a_{ij}\pm b_{ij}=c_{ij}$,对于所有的 i,j. 例如

$$\begin{pmatrix} 1 & -1 & 2 \\ 3 & 0 & 1 \\ 1 & 2 & 3 \end{pmatrix}+\begin{pmatrix} 2 & 2 & 2 \\ 1 & 0 & -1 \\ 1 & 1 & 1 \end{pmatrix}=\begin{pmatrix} 3 & 1 & 4 \\ 4 & 0 & 0 \\ 2 & 3 & 4 \end{pmatrix}$$

乘法:$AB=C$, $\sum_k a_{ik}b_{kj}=c_{ij}$. 例如

$$\begin{pmatrix} 1 & -1 & 2 \\ 3 & 0 & 1 \\ 1 & 2 & 3 \end{pmatrix}\begin{pmatrix} 2 & 2 & 2 \\ 1 & 0 & -1 \\ 1 & 1 & 1 \end{pmatrix}=\begin{pmatrix} 3 & 4 & 5 \\ 7 & 7 & 7 \\ 7 & 5 & 3 \end{pmatrix}$$

矩阵的求导

$$\frac{\mathrm{d}}{\mathrm{d}x}\begin{pmatrix} x & x^3 & 2 \\ \mathrm{e}^{-x} & 0 & 3x^2 \end{pmatrix}=\begin{pmatrix} 1 & 3x^2 & 0 \\ -\mathrm{e}^{-x} & 0 & 6x \end{pmatrix}$$

矩阵的积分

$$\int\begin{pmatrix} x & x^3 & 2 \\ e^{-x} & 0 & 3x^2 \end{pmatrix}dx=\begin{pmatrix} \dfrac{x^2}{2} & \dfrac{x^4}{4} & 2x \\ -e^{-x} & 0 & x^3 \end{pmatrix}+\begin{pmatrix} c_1 & c_2 & c_3 \\ c_4 & 0 & c_5 \end{pmatrix}$$

(3) 性质.

① 转置(transpose), $A, A_{ij}\to\widetilde{A}, A_{ji}$；②复(complex)矩阵，$A\to A^*=A_{ij}^*$；③ 伴随(adjoint)矩阵，$A\to\widetilde{A}^*=A^+$；④厄米(Hermitian)矩阵，$A\to A^+=A$. ⑤酉(unitary)矩阵，$A\to A^+=A^{-1}$.

(4) 矩阵的行列式

$$A=\begin{pmatrix} a_{11} & a_{12} & a_{13} \\ a_{21} & a_{22} & a_{23} \\ a_{31} & a_{32} & a_{33} \end{pmatrix},\quad \det(A)=\begin{vmatrix} a_{11} & a_{12} & a_{13} \\ a_{21} & a_{22} & a_{23} \\ a_{31} & a_{32} & a_{33} \end{vmatrix}$$

(5) 非奇异矩阵(nonsingular matrix)

①$\det(A)\neq 0$；② 秩 (rank)为 n；③ 矩阵的各行或各列线性独立.

5. 从函数基组导出群的矩阵表示的一般方法

(1) 设有 n 维向交归量空间 L_n，其正交归一化基组为$\{\phi_n\}=\{\phi_1\phi_2\cdots\phi_j\cdots\phi_n\}$. 正交归一化条件为

$$\int\phi_i\phi_j\,d\tau=\delta_{ij}=\begin{cases}1, i=j \\ 0, i\neq j\end{cases}$$

L_n对群$G(EAB\cdots)$是封闭的，因而有

$$A\phi_i=\sum_{j=1}^{n}\phi_j T_{ji}(A),\quad A\in G$$

对于整个基组有

$$A(\phi_1\cdots\phi_i\cdots\phi_n)=(\phi_1\phi_2\cdots\phi_j\cdots\phi_n)\begin{pmatrix} T_{11}(A) & \cdots & T_{1i}(A) & \cdots & T_{1n}(A) \\ T_{21}(A) & \cdots & T_{2i}(A) & \cdots & T_{2n}(A) \\ \vdots & & \vdots & & \vdots \\ T_{j1}(A) & \cdots & T_{ji}(A) & \cdots & T_{jn}(A) \\ \vdots & & \vdots & & \vdots \\ T_{n1}(A) & \cdots & T_{ni}(A) & \cdots & T_{nn}(A) \end{pmatrix}$$

简化形式为

$$A\Phi=\Phi T(A)$$

类似地

$$B\phi_i=\sum_{j=1}^{n}\phi_j T_{ji}(B),\quad B\in G$$

简化形式为

$$B\Phi=\Phi T(B),\cdots$$

则$\{T(E)T(A)T(C)\cdots\}$是群$G(EAB\cdots)$的矩阵表示，其正交归一化基组为$\{\phi_n\}=\{\phi_1\phi_2\cdots\phi_j\cdots\phi_n\}$.

(2) 如何求得矩阵元$T_{ji}(A)$，从而得到$T(A)$. 由下列内积即可得到

$$(\phi_j, A\phi_i)=T_{ji}(A), \quad (\phi_j, B\phi_i)=T_{ji}(B), \quad \cdots$$

即

$$\int \phi_j A\phi_i \mathrm{d}\tau = \int \phi_j \sum_{j=1}^{n} \phi_j T_{ji}(A)\mathrm{d}\tau = T_{ji}(A)$$

(3) **证明** 若$AB=C\in G$，则有$T(A)T(B)=T(AB)=T(C)\in T$.

首先有

$$\begin{aligned} AB\phi_i &= A(B\phi_i) = A\sum_{j=1}^{n}\phi_j T_{ji}(B) \\ &= \sum_{j=1}^{n}\sum_{k=1}^{n}\phi_k T_{kj}(A)T_{ji}(B) \end{aligned}$$

同时也可得到

$$(AB)\phi_i=\sum_{k=1}^{n}\phi_k T_{ki}(AB)$$

显然这两个式子相等

$$\sum_{j=1}^{n}\sum_{k=1}^{n}\phi_k T_{kj}(A)T_{ji}(B) = \sum_{k=1}^{n}\phi_k T_{ki}(AB)$$

若对两边仅取第k项，即令$k=k$，则有

$$\sum_{j=1}^{n}\phi_k T_{kj}(A)T_{ji}(B) = \phi_k T_{ki}(AB)$$

这表示有

$$[T(A)T(B)]_{ki}=T_{ki}(AB)$$

即$T(A)T(B)=T(AB)$，则有$T(A)T(B)=T(AB)=T(C)\in T$.

6. 忠实表示(the faithful representation)

若$G\cong T$，即有

(1) $\sigma: G\leftrightarrow T$;

(2) $\sigma(AB)=\sigma(A)\sigma(B)$.

则称T是G的忠实表示. 例如

$C_{3v}\{E \quad C_3 \quad C_3^2 \quad \sigma_v' \quad \sigma_v'' \quad \sigma'''_v\}$

$\{T\}=\{T(E) \quad T(C_3) \quad T(C_3^2) \quad T(\sigma_v') \quad T(\sigma_v'') \quad T(\sigma_v''')\}$

因为$C_{3v}\cong T$，所以$\{T\}$是C_{3v}的忠实表示.

7. 非忠实表示(the unfaithful representation)

若 $G \sim T$,即有

(1) $\sigma: G \to T$;

(2) $\sigma(A_i B_j) = \sigma(A_i)\sigma(B_j)$,即多-对-1.

则称 T 是 G 的非忠实表示. 例如

$$C_{3v}\{E \quad C_3 \quad C_3^2 \quad \sigma_v' \quad \sigma_v'' \quad \sigma_v'''\}$$
$$T\{1 \quad 1 \quad 1 \quad -1 \quad -1 \quad -1\}$$
$$T\{1 \quad 1 \quad 1 \quad 1 \quad 1 \quad 1\}$$

则表示 $C_{3v} \sim U_2(1, -1)$ 和 $C_{3v} \sim U(1)$,即 $U_2(1, -1)$ 和 $U_2(1)$ 是 C_{3v} 的非忠实表示.

8. 群表示的某些性质

(1) 任何群的单位元素必由单位矩阵表示,因为

对于群 G,　$EA = AE = A$;

对于群 T,　$T(E)T(A) = T(A)T(E) = T(A)$.

(2) $T(A^{-1}) = [T(A)]^{-1}$

因为 $T(A)T(B) = T(AB)$,如设 $B = A^{-1}$,则 $T(A)T(A^{-1}) = T(AA^{-1}) = T(E)$,所以有

$$T(A^{-1}) = \frac{T(E)}{T(A)} = [T(A)]^{-1}$$

9. 等价表示

(1) 设群 G 有两个表示

$$T_1\{T_1(E), T_1(A), T_1(B), \cdots\}$$
$$T_2\{T_2(E), T_2(A), T_2(B), \cdots\}$$

如有一非奇异 S 使得下述相似变换成立

$$T_1(A) = S^{-1} T_2(A) S$$
$$T_1(B) = S^{-1} T_2(B) S$$
$$\cdots\cdots$$

即 $T_1 = S^{-1} T_2 S$,则 T_1 和 T_2 是等价的.

(2) 因而可以将群的所有表示分成某些等价表示类(equivalent representation),选某一表示代表给定的类. 唯一留下的问题是需要找到非等价表示.

3.2 某些补充内容

1. 域和环的定义

设一集合 $F(a,b,c,\cdots)$有两个结合律，即乘法和加法. 这个集合 $F(a,b,c,\cdots)$称为域，若以下条件成立，即

(1) 封闭性. 若 $a,b\in F$，则 $a+b\in F$.

(2) 结合律. $a+(b+c)=(a+b)+c$.

(3) 有加法群的单位元素 $0\in F$，且 $a+0=0+a=a,\ a\in F$.

(4) 若 $a\in F$，则 $-a\in F$，且 $a+(-a)=-a+a=0$.

以上(1)～(4)表明集合 $F(a,b,c,\cdots)$是加法群.

(5) 对乘法的结合律. $a(bc)=(ab)c$.

(6) 分配律. $a(b+c)=ab+ac,(b+c)a=ba+ca$.

以上(1)～(6)表明集合 $F(a,b,c,\cdots)$是环.

(7) 对乘法的交换律. $ab=ba$.

以上(1)～(7)表明集合 $F(a,b,c,\cdots)$是交换环.

(8) 有乘法群的单位元素 $E\in F,Ea=aE=a\in F$.

以上(1)～(8)表明集合 $F(a,b,c,\cdots)$是有单位元素的交换环.

(9) 对任何非零元素 $a\in F$，有 $a^{-1}\in F$，和 $aa^{-1}=a^{-1}a$.

以上(1)～(9)表明集合 $F(a,b,c,\cdots)$是域.

域是对所有非零元素有逆的交换环.

2. 域的实例

例 1 正整数的集合不是域. 对加法群无单位元素零，即(3)不成立；无逆，即对 n 无 $-n$，即(4)不成立；对非零元素 $n\neq 0$，其 $n^{-1}=1/n$ 不是整数，即(9)不成立.

例 2 正整数和负整数的集合也不是域，若对非零元素 $n\neq 0$，其 $n^{-1}=1/n$ 不是整数，即(9)不成立.

例 3 实数，即有理数和无理数的集合是域.

例 4 复数的集合是域.

3. 向量的定义

定义在实数域或复数域上的 n 个抽象元素的集合是向量.

4. 向量空间的定义

集合 $L\{\vec{u},\vec{v},\vec{w},\cdots\}$是加法群和集合 $F\{a,b,c,\cdots\}$是域，若以下条件成立，则

$L\{\vec{u},\vec{v},\vec{w},\cdots\}$是定义在域 $F\{a,b,c,\cdots\}$上的向量空间.

(1) $a\vec{u}\in L$,对于 $\vec{u}\in L,a\in F$;

(2) $a(\vec{u}+\vec{v})=a\vec{u}+a\vec{v},(a+b)\vec{u}=a\vec{u}+b\vec{u}$;

(3) $ab(\vec{u})=(ab)\vec{u}$;

(4) $E\vec{u}=\vec{u},0\vec{u}=0$.

向量空间的实例:

① 三维实空间,即 $L_3=R_3$;

② 抽象 n 维空间;

③ n 个线性方程的所有解的集合是向量空间．例如,

$$\begin{pmatrix} a_{11} & a_{12} & \cdots & a_{13} \\ a_{21} & a_{22} & \cdots & a_{23} \\ \vdots & \vdots & & \vdots \\ a_{n1} & a_{n2} & \cdots & a_{nn} \end{pmatrix}\begin{pmatrix} x_1 \\ x_2 \\ \vdots \\ x_n \end{pmatrix}=\begin{pmatrix} 0 \\ 0 \\ \vdots \\ 0 \end{pmatrix},\quad a_{ij}\in F$$

④ 函数空间.

5. 内积空间

(1) 内积的定义.

就域 F 和向量空间 L,对于每对向量 $\vec{u},\vec{v}\in L$,有唯一数$(\vec{u},\vec{v})\in F$,这里$(\vec{u},\vec{v})=\int\vec{u}\vec{v}\mathrm{d}\tau$ 称为内积(inner product).

(2) 具有内积定义的向量空间称为内积空间.

(3) 有限维的实内积空间称为欧几里得空间(Euclidean space),有限维的复内积空间称为酉空间(unitary space).

6. 完备的内积空间称为希尔伯特空间(Hilbert space,即 H-空间)

这时必有①它是向量空间;②满足柯西序列(Cauchy sequence),即满足

$$|u_k-u_m|<\varepsilon$$

其中,ε 是任意小的实正数,对于任意正数 N 都可能找到 k 和 m,使得 $k>N,m>N$ 成立;③向量空间 L 是完备的,即 $\mathrm{Lim}\ u_m=u\in L$;④ 定义了内积,即有$(\vec{u},\vec{v})\in F$,$\vec{u},\vec{v}\in L$.

7. 量子力学的波矢的集

其为① 向量空间;② Cauchy 序列;③ 向量空间 L 是完备的,即 $\mathrm{Lim}\Psi_m=\Psi\in L$;(4) 存在内积

$$\int\Psi_1\Psi_2\mathrm{d}\tau=\text{概率(probability)}$$

和

$$\int \Psi_1 \overset{\frown}{H} \Psi_2 \mathrm{d}\tau = H_{12} \text{ 数(number)} \in F$$

量子力学是 H-空间的演习，原因如下：

(1) 厄米算符的本征矢组成一个定义在 H-空间的完备集.

(2) 本征函数的叠加原理符合 H-空间的加法群.

(3) 本征函数定义在实数域上.

(4) 求力学量的平均值时存在本征函数内积$(\Psi(\phi), \overset{\frown}{H}\Psi(\phi))$.

习题 3.1 指出所有 n 阶实方阵的集是实数域上的向量空间 .

习题 3.2 写出对称矩阵 A 的伴随矩阵 A^+、厄米矩阵和酉矩阵的定义，并指出以下矩阵是什么矩阵？

$$A_1 = \begin{pmatrix} 1 & 2 & 3 \\ 4 & 5 & 6 \\ 7 & 8 & 9 \end{pmatrix}, \quad A_2 = \begin{pmatrix} 1 & 2 & 3 \\ 2 & 4 & 5 \\ 3 & 5 & 6 \end{pmatrix}, \quad A_3 = \begin{pmatrix} 1 & 4 & \mathrm{i} \\ \mathrm{e}^{\mathrm{i}} & 2 & -\mathrm{i} \\ 3 & \mathrm{e}^{2\mathrm{i}} & 1 \end{pmatrix},$$

$$A_4 = \begin{pmatrix} 1 & \mathrm{i} & \mathrm{e}^{-\mathrm{i}} \\ -\mathrm{i} & 2 & 4 \\ \mathrm{e}^{\mathrm{i}} & 4 & 3 \end{pmatrix}, \quad A_5 = \begin{pmatrix} 0 & 1 \\ 1 & 0 \end{pmatrix}$$

习题 3.3 若矩阵 U 可对角化厄米矩阵 A 为对角矩阵 Λ，其中 Λ 的矩阵元是 A 的本征值，则 U 必为酉矩阵.

解 因为 $U^{-1}AU=\Lambda$，即

$$\Lambda = \begin{pmatrix} \lambda_1 & & \\ & \lambda_2 & \\ & & \ddots \end{pmatrix}$$

因此

$$(U^{-1}AU)^+ = \Lambda^+ = \Lambda = U^+ A^+ (U^{-1})^+ = U^+ A\,(U^{-1})^+$$

即有 $U^{-1}=U^+$，$U=(U^{-1})^+ \to U^+=U^{-1}$，因而 U 为酉矩阵.

习题 3.4 应用转置规则(turn over rule)，证明$(T\vec{U}, T\vec{V})=(\vec{U},\vec{V})$，式中 T 是酉矩阵.

所谓转置规则，即$(\hat{O}\phi_1, \phi_2)=(\phi_1, \hat{O}^+\phi_2)$，则

$$(T\vec{U}, T\vec{V})=(\vec{U},\vec{V}) \to (\vec{U}, T^+T\vec{V})=(\vec{U},\vec{V})$$

3.3 群的不可约表示

1. 表示的可约性

(1) 设 $T\{T(E), T(A), T(B), \cdots\}$ 是在 n 维向量空间 L_n 中群 G 的表示. 例如，

对群元素 A 可能有以下的约化

$$\begin{pmatrix}\phi_1' \\ \vdots \\ \phi_m' \\ \vdots \\ \phi_n'\end{pmatrix} = T(A)\begin{pmatrix}\phi_1 \\ \vdots \\ \phi_m \\ \vdots \\ \phi_n\end{pmatrix}$$

其中，$T(A)$为以下形式

$$\left(\begin{array}{c:c} T^{(1)}(A) & 0 \\ \hdashline D(A) & T^{(2)}(A) \end{array}\right)$$

式中，$T(A)$为 $n\times n$；$T^{(1)}(A)$为 $m\times m$；$D(A)$为$(n-m)\times m$；$T^{(2)}(A)$为$(n-m)\times(n-m)$；$0(A)$为 $m\times(n-m)$.

如果在$(\phi_1',\phi_2',\cdots,\phi_m',\phi_{m+1}',\phi_{m+2}',\cdots,\phi_n')$中，$(\phi_{m+1}',\phi_{m+2}',\cdots,\phi_n')$各元素全为零，则可有如下表示

$$\begin{pmatrix}\phi_1' \\ \vdots \\ \phi_i' \\ \vdots \\ \phi_m'\end{pmatrix} = T^{(1)}(A)\begin{pmatrix}\phi_1 \\ \vdots \\ \phi_i \\ \vdots \\ \phi_m\end{pmatrix},\quad A\in G$$

这表示维数已减小，即 $L_m<L_n$，$T^{(1)}(A)$为 m 维向量空间 L_m 中的表示矩阵，则表示矩阵 $T(A)$是可约的.

(2) 可以看到，对于群 $G(EAB\cdots)$和群 $T^{(1)}\{T^{(1)}(E),T^{(1)}(A),T^{(1)}(B),\cdots\}$，有

① 1-对-1 映射，即 $G\leftrightarrow T^{(1)}$；

② $T^{(1)}(A)T^{(1)}(B)=T^{(1)}(C)$，若 $AB=C$，则 $G\cong T^{(1)}$，$T^{(1)}$是群 G 一个 m 维表示，而 $m<n$，所以可称 $T\{T(E),T(A),T(B),\cdots\}$是可约的.

由 $U^{-1}HU=H_d$，波函数具有统计性，只能求各个态的统计平均值；如果处于某个本征态(本征矢)，即可测定本征值. 为何 H_d 代表 H 本征值？因为

(1) H 与 H_d 处于共轭同构类，因为它们由相似变换而联系.

(2) 而相似变换是一种等价关系，它具有①自反性，即 $U=EUE^{-1}$；②对称性，即 $W\sim U$，则 $U\sim W$；③传递性，即 $W\sim U$，$U\sim Y$，则 $W\sim Y$.

2. 定理

有限群的任何等价表示类至少含一个酉表示，或者说有限群的任何表示等价于酉表示.

证明　(1) 首先定义一厄米矩阵

$$H = \sum_{A\in G} T(A)T^{+}(A)$$

因为

$$H^{+} = \sum_{A\in G} [T(A)T^{+}(A)]^{+} = \sum_{A\in G} T(A)T^{+}(A) = H$$

(2) 因为厄米矩阵 H 可通过酉矩阵 U 使其对角化，即

$$\begin{aligned} U^{-1}HU &= U^{-1}\Big[\sum_{A\in G} T(A)T^{+}(A)\Big]U \\ &= \sum_{A\in G} U^{-1}T(A)UU^{-1}T^{+}(A)U \\ &= \sum_{A\in G} U^{-1}T(A)UU^{-1}T^{+}(A)U = \sum_{A\in G} T'(A)T'^{+}(A) = H_d \end{aligned}$$

式中

$$H_d = \begin{pmatrix} d_1 & & \\ & d_2 & \\ & & \ddots \end{pmatrix}$$

取 H_d 第 k 个对角元素

$$\begin{aligned} (H_d)_{kk} &= d_k = \sum_{A\in G}\sum_{j} T'_{kj}(A)T'^{+}_{jk}(A) = \sum_{A\in G}\sum_{j} T'_{kj}(A)T'^{*}_{kj}(A) \\ &= \sum_{A\in G}\sum_{j} |T'_{kj}(A)|^{2} \end{aligned}$$

因此，可得出：

① $(H_d)_{kk} = d_k \neq 0$. 若它为零，则矩阵 $T'_{kj}(A)$ 的 j 列所有元素都为零，因而，$\det[T'_{kj}(A)]=0$，$\det[T(A)]=0$，则 $T(A)$ 不存在.

② 可能有 $d_k>0$，$H_d>0$，$\det(H_d)>0$，即存在 $d_k^{1/2}$，$H_d^{1/2}$.

(3) 为了转变非酉矩阵 $T(A)$ 等为酉矩阵 $\Gamma(A)$ 等，要定义相似变换矩阵为 $V=UH_d^{1/2}$. 经过以下相似变换

$$\begin{aligned} \Gamma(A) &= V^{-1}T(A)V = (UH_d^{1/2})^{-1}T(A)(UH_d^{1/2}) \\ &= H_d^{-1/2}U^{-1}T(A)UH_d^{1/2} = H_d^{-1/2}T'(A)H_d^{1/2} \end{aligned}$$

现在考察 $\Gamma(A)$ 是否为酉矩阵.

$$\begin{aligned} \Gamma(A)\Gamma^{+}(A) &= (H_d^{-1/2}T'(A)H_d^{1/2})(H_d^{1/2}T'(A)H_d^{1/2})^{+} \\ &= H_d^{-1/2}T'(A)H_d^{1/2}H_d^{1/2}T'^{+}(A)H_d^{-1/2} = H_d^{-1/2}T'(A)H_dT'^{+}(A)H_d^{-1/2} \end{aligned}$$

因为

$$H_d = \sum_{A\in G} T'(A)T^{+}(A)$$

代入上式

$$\Gamma(A)\Gamma^{+}(A) = (H_d^{-1/2}T'(A)H_d^{1/2})(H_d^{1/2}T'(A)H_d^{1/2})^{+}$$

$$= H_d^{-1/2} T'(A) H_d^{1/2} H_d^{1/2} T'^{+}(A) H_d^{-1/2}$$
$$= H_d^{-1/2} T'(A) \sum_{B \in G} T'(B) T'^{+}(B) T'^{+}(A) H_d^{-1/2}$$
$$= H_d^{-1/2} \left[\sum_{B \in G} T'(AB) T'^{+}(AB) \right] H_d^{-1/2} = H_d^{-1/2} H_d H_d^{-1/2} = E$$

这表示

$$\Gamma^{+}(A) = \Gamma^{-1}(A)$$

因此,可以得到一系列酉矩阵 $\Gamma(A)$,$\Gamma(B)$,…,因而得到酉表示 Γ. 以下讨论只考虑酉表示.

3. 完全的约化和不可约表示(the iweducible representation)

(1) 设两个表示 $T\{T(E),T(A),T(B),\cdots\}$ 和 $\Gamma\{T(E),T(A),T(B),\cdots\}$ 是等价的,即 $STS^{-1}=\Gamma$. 若 T 是可约的,则 Γ 也是可约的.

(2) 设酉矩阵 $\Gamma(E)$,$\Gamma(A)$,…可对角化为阶步(step-wise)矩阵,如下所示.

$$\left(\begin{array}{c:c} \Gamma^{(1)}(A) & 0 \\ \hdashline 0 & \Gamma^{(2)}(A) \end{array}\right), \left(\begin{array}{c:c} \Gamma^{(1)}(B) & 0 \\ \hdashline 0 & \Gamma^{(2)}(B) \end{array}\right)$$

式中,$\Gamma^{(1)}(A)$ 为 $m\times m$,$\Gamma^{(2)}(A)$ 为 $(n-m)\times(n-m)$ 等. 这样我们有如下两个酉表示:

$$\Gamma^{(1)}\{\Gamma^{(1)}(E),\Gamma^{(1)}(A),\Gamma^{(1)}(B),\cdots\},\text{定义在 } L_m(\phi_1\phi_2\cdots\phi_m)$$
$$\Gamma^{(2)}\{\Gamma^{(2)}(E),\Gamma^{(2)}(A),\Gamma^{(2)}(B),\cdots\},\text{定义在 } L_{n-m}(\phi_{m+1}\phi_{m+2}\cdots\phi_n)$$

(3) 完全约化

$$\begin{pmatrix} \Gamma^{(1)}(A) & & & \\ & \Gamma^{(2)}(A) & & \\ & & \Gamma^{(3)}(A) & \\ & & & \ddots \end{pmatrix}$$

以上 $\Gamma^{(1)}(A)$,$\Gamma^{(1)}(B)$,…,都有相同的约化结构.

(4) 对于完全约化,其分量 $\Gamma^{(1)}$,$\Gamma^{(2)}$,…都是群 G 在同一向量空间 $L_n(\phi_1\phi_2\cdots\phi_n)$中的不可约表示. 但是可能有 a_1 个 $\Gamma^{(1)}(A)$,a_2 个 $\Gamma^{(2)}(A)$,a_3 个 $\Gamma^{(3)}(A)$,…,而对 $\Gamma(B)$,$\Gamma(C)$,…有相同的完全约化,则直和为

$$\Gamma(A) = a_1\Gamma^{(1)}(A) \oplus a_2\Gamma^{(2)}(A) \oplus \cdots \oplus a_i\Gamma^{(i)}(A) \oplus \cdots$$

(5) 可约表示的数目可能很大,实际上是无穷多,但是,不可约表示的数目则是有限的,它与群的类的数目相同,即 $N_{\text{irr}} = N_{\text{classes}}$.

3.4 舒尔引理

1. 舒尔引理 1(the Schur's Lemmas 1)

若 $\Gamma^{(i)}$ 是群 G 的一个不可约表示,矩阵 M 与群 G 的表示 $\Gamma^{(i)}$ 的所有表示矩阵对易,则 M 必为常数矩阵,否则,$\Gamma^{(i)}$ 将是可约的.

因为,若 $\Gamma^{(i)}$ 是不可约表示,并且 $[M,\Gamma^{(i)}(A)]=0, A\in G$,即 $M\Gamma^{(i)}(A)-\Gamma^{(i)}(A)M=0$,这时 M 只为常数;否则,$[M,\Gamma^{(i)}(A)]\neq 0$,$\Gamma^{(i)}$ 是可约表示.

2. 舒尔引理 2(the Schur's Lemmas 2)

若 $\Gamma^{(i)}$ 和 $\Gamma^{(j)}$ 是群 G 的两个不可约表示,其维数分别为 l_i 和 l_j,且矩阵 M 为 $l_i\times l_j$,满足

$$\Gamma^{(i)}(A)M=M\Gamma^{(j)}(A),\quad A\in G$$

则①当 $l_i=l_j$ 时,有两种可能性,即 $M=0$ 或 $\det(M)\neq 0$,这时 $\Gamma^{(i)}$ 和 $\Gamma^{(j)}$ 是等价的;②当 $l_i\neq l_j$ 时,则只有一种可能性,即 $M=0$.

3.5 广义正交定理

1. 广义正交定理

设阶为 g 的群 G 有两个不等价的不可约表示 $\Gamma^{(i)}$ 和 $\Gamma^{(j)}$,其维数分别为 l_i 和 l_j,它们满足

$$\sum_{R\in G}\Gamma^{(i)}(R)_{\mu\nu}\Gamma^{(j)}(R)_{\mu'\nu'}=\frac{g}{l_i}\delta_{ij}\delta_{\mu\mu'}\delta_{\nu\nu'}$$

若 $i=j,\mu=\mu',\nu=\nu'$,则 $\sum\limits_{R\in G}\rightarrow\dfrac{g}{l_i}$,即广义归一化.

若其中任意一对不相等,例如,$\mu\neq\mu'$,则 $\sum\limits_{R\in G}\rightarrow 0$,即广义正交. 这称为广义正交定理. 它可导致群空间,解释如下:

$$\Gamma^{(i)}(R)=\begin{pmatrix}\Gamma^{(i)}(R)_{11} & \Gamma^{(i)}(R)_{12} & \cdots & \Gamma^{(i)}(R)_{1\nu} & \cdots & \Gamma^{(i)}(R)_{1l_i}\\ \vdots & \vdots & & \vdots & & \vdots\\ \Gamma^{(i)}(R)_{\mu1} & \Gamma^{(i)}(R)_{\mu2} & \cdots & \Gamma^{(i)}(R)_{\mu\nu} & \cdots & \Gamma^{(i)}(R)_{\mu l_i}\\ \vdots & \vdots & & \vdots & & \vdots\\ \Gamma^{(i)}(R)_{l_i1} & \Gamma^{(i)}(R)_{l_i2} & \cdots & \Gamma^{(i)}(R)_{l_i\nu} & \cdots & \Gamma^{(i)}(R)_{l_il_i}\end{pmatrix}$$

其中,每一个矩阵元 $\Gamma^{(i)}(R)_{\mu\nu}$ 对群元素的集合,有

$$\{\Gamma^{(i)}(E)_{\mu\nu},\Gamma^{(i)}(A)_{\mu\nu},\Gamma^{(i)}(B)_{\mu\nu},\cdots,\Gamma^{(i)}(R)_{\mu\nu},\cdots\}$$

都是一向量,向量的维数等于群的阶数.

2. 群空间

考察其中一项 $\Gamma^{(i)}(R)_{\mu\nu}$,如固定 i,μ,则有以下向量

$$\begin{gathered}\Gamma^{(i)}(R)_{\mu 1}\{\Gamma^{(i)}(E)_{\mu 1}\Gamma^{(i)}(A)_{\mu 1}\cdots\Gamma^{(i)}(R)_{\mu 1}\cdots\}\\ \Gamma^{(i)}(R)_{\mu 2}\{\Gamma^{(i)}(E)_{\mu 2}\Gamma^{(i)}(A)_{\mu 2}\cdots\Gamma^{(i)}(R)_{\mu 2}\cdots\}\\ \cdots\cdots\\ \Gamma^{(i)}(R)_{\mu l_i}\{\Gamma^{(i)}(E)_{\mu l_i}\Gamma^{(i)}(A)_{\mu l_i}\cdots\Gamma^{(i)}(R)\cdots\}\end{gathered}$$

总共 l_i 个向量,其维数为 g,则有对 ν,ν' 正交归一化为

$$\sum_{R\in G}\Gamma^{(i)}(R)_{\mu\nu}\Gamma^{(i)}(R)_{\mu\nu'}=\frac{g}{l_i}\delta_{\nu\nu'}$$

导致

$$\sum_{R\in G}\rightarrow\begin{cases}g/l_i, & \nu=\nu'\\ 0, & \nu\neq\nu'\end{cases}$$

相似地,考察其中一项 $\Gamma^{(i)}(R)_{\mu\nu}$,如固定 i,ν,则有以下向量

$$\begin{gathered}\Gamma^{(i)}(R)_{1\nu}\{\Gamma^{(i)}(E)_{1\nu}\Gamma^{(i)}(A)_{1\nu}\cdots\Gamma^{(i)}(R)_{1\nu}\cdots\}\\ \Gamma^{(i)}(R)_{2\nu}\{\Gamma^{(i)}(E)_{2\nu}\Gamma^{(i)}(A)_{2\nu}\cdots\Gamma^{(i)}(R)_{2\nu}\cdots\}\\ \cdots\cdots\\ \Gamma^{(i)}(R)_{l_i\nu}\{\Gamma^{(i)}(E)_{l_i\nu}\Gamma^{(i)}(A)_{l_i\nu}\cdots\Gamma^{(i)}(R)_{l_i\nu}\cdots\}\end{gathered}$$

总共 l_i 个向量,其维数为 g,则有对 μ,μ' 正交归一化为

$$\sum_{R\in G}\Gamma^{(i)}(R)_{\mu\nu}\Gamma^{(i)}(R)_{\mu'\nu}=\frac{g}{l_i}\delta_{\mu\mu'}$$

导致

$$\sum_{R\in G}\rightarrow\begin{cases}g/l_i, & \mu=\mu'\\ 0, & \mu\neq\mu'\end{cases}$$

若仅 i 固定,则共有 l_i^2 向量;若 i,μ,ν 中都不固定,则有总向量 $=\sum_{i=1}^{c}l_i^2$. 其中,c 是类的数目. 以上称为群空间.

显然,群空间的维数等于群的阶数,也等于独立向量数,即有

$$\text{总向量}=\sum_{i=1}^{c}l_i^2\geqslant g\rightarrow\sum_{i=1}^{c}l_i^2=g$$

3. 应用

对于群 $C_{3v}\{E\quad 2C_3\quad 3\sigma_v\}$,其 $g=6$,即群空间的维数为 6,故只可能有一维表

示 2 个,二维表示 1 个,即

$$\sum_{i=1}^{c} l_i^2 = 1^2 + 1^2 + 2^2$$

习题 3.5　若 Γ 是群 G 的表示,Γ^* 也是群 G 的表示,但是,Γ^{-1} 和 Γ^+ 不是群 G 的表示.

证明　因为 $\Gamma\{\Gamma(E),\Gamma(A),\Gamma(B),\cdots\}$ 是群 G 的表示,则在 G 中,有 $AB=C$;而在 Γ 中,有 $\Gamma(A)\Gamma(B)=\Gamma(C)$.

显然,在 Γ 中也有 $\Gamma^*(A)\Gamma^*(B)=[\Gamma(A)\Gamma(B)]^*=\Gamma^*(C)$,故 Γ^* 也是 G 的表示.然而

$$\Gamma^{-1}(A)\Gamma^{-1}(B)=[\Gamma(B)\Gamma(A)]^{-1}\neq[\Gamma(A)\Gamma(B)]^{-1}=\Gamma^{-1}(C)$$

同理

$$\Gamma^{+}(A)\Gamma^{+}(B)=[\Gamma(B)\Gamma(A)]^{+}\neq[\Gamma(A)\Gamma(B)]^{+}=\Gamma^{+}(C)$$

3.6　表示的特征标

1. 特征标的定义

$$\chi^{(j)}(R) = \sum_{\mu=1}^{l_i} \Gamma^{(j)}(R)_{\mu\mu}$$

集合$\{\chi^{(j)}(E),\chi^{(j)}(A),\cdots,\chi^{(j)}(R),\cdots\}$就称为第 j 个表示的特征标.

2. 同类群元素的特征标相同

相似变换为 $U^{-1}AU=B$, 这时表示 A,B 属于同一类,而同类元素的迹(trace)相同,即

$$\mathrm{Tr}(A)=\mathrm{Tr}(B)$$

例如

C_{3v}	E	C_3	C_3^2	σ_v'	σ_v''	σ_v'''
$\Gamma^{(1)}$	$\begin{pmatrix}1&0\\0&1\end{pmatrix}$	$\begin{pmatrix}-1/2&\sqrt{3}/2\\-\sqrt{3}/2&-1/2\end{pmatrix}$	$\begin{pmatrix}-1/2&\sqrt{3}/2\\\sqrt{3}/2&-1/2\end{pmatrix}$	$\begin{pmatrix}-1&0\\0&1\end{pmatrix}$	$\begin{pmatrix}1/2&-\sqrt{3}/2\\\sqrt{3}/2&-1/2\end{pmatrix}$	$\begin{pmatrix}-1/2&\sqrt{3}/2\\\sqrt{3}/2&-1/2\end{pmatrix}$
$\Gamma^{(2)}$	$\begin{pmatrix}1&0\\0&1\end{pmatrix}$	$\begin{pmatrix}-1&1\\-1&0\end{pmatrix}$	$\begin{pmatrix}0&-1\\1&-1\end{pmatrix}$	$\begin{pmatrix}-1&0\\-1&1\end{pmatrix}$	$\begin{pmatrix}1&-1\\0&-1\end{pmatrix}$	$\begin{pmatrix}0&1\\1&0\end{pmatrix}$
$\chi(A)$	2	-1	-1	0	0	0

3. C_{4v}的特征标表

C_{4v}	E	$2C_4$	C_2	$2\sigma_v$	$2\sigma_d$	SBF
A_1	1	1	1	1	1	z, x^2+y^2, z^2
A_2	1	1	1	−1	−1	R_z
B_1	1	−1	1	1	−1	x^2-y^2
B_2	1	−1	1	−1	1	xy
E	2	0	−2	0	0	$(x,y),(R_x,R_y),(xz,yz)$

其阶 $g=8$,类等于 5,5 个不可约表示 . SBF 是对称化基函数 .

对 Mulliken 符号的解释如下:

A,B　一维不可约表示;

E　二维不可约表示;

T　三维不可约表示;

A　对称表示,$\chi(C_n)=+1$;

B　反对称表示,$\chi(C_n)=-1$;

A_1,B_1　$\chi(\sigma_v)=+1$;

A_2,B_2　$\chi(\sigma_v)=-1$;

A'　$\chi(\sigma_h)=+1$;A''　$\chi(\sigma_h)=-1$;

g　$\chi(i)=1$;u　$\chi(i)=-1$.

4. 类空间

设集合$\{\chi^{(i)}(E)\quad \chi^{(i)}(2C_4)\quad \chi^{(i)}(C_2)\quad \chi^{(i)}(2\sigma_v)\quad \chi^{(i)}(2\sigma_d)\}$,$i=A_1,A_2,B_1,B_2,E$ 为向量,即每类的特征标为向量的向量元,则有 5 个向量,即 $i=A_1,A_2,B_1,B_2,E$. 这称为类空间. 可以看到:这个类空间的维数就等于群的类数目,即等于独立的正交向量的数目,也就等于不可约表示的数目. 因而有类的数目等于不可约表示的数目,即 N(classes)$=N$(irreducible representations).

5. 特征标的正交(1)

按行的正交

$$\sum_{R\in G}\chi^{(i)}(R)\chi^{(j)*}(R)=\sum_{k\in G}\chi^{(i)}(C_k)\chi^{(j)*}(C_k)N_k=g\delta_{ij}$$

例如,对于 C_{4v},设 $i=A_1$,$j=B_1$,则有两个类向量为

$$A_1(1\quad 1\quad 1\quad 1\quad 1\quad 1)\quad 和\quad B_1(1\quad -1\quad 1\quad 1\quad 1\quad -1)$$

这时,$i\neq j$. 因而,两个向量正交,即 $1\times1\times1+1\times(-1)\times2+1\times1\times1+1\times1\times2+1\times(-1)\times2=1+(-2)+1+2+(-2)=0$.

再如 $i=j=E$,则归一化为 $2\times2\times1+0\times0\times2+(-2)(-2)\times1+0\times0\times2+0\times0\times2=8=g$.

习题 3.6 由 $\sum_{R\in G}\Gamma^{(i)}(R)_{\mu\nu}\Gamma^{(j)}(R)_{\mu'\nu'}=\frac{g}{l_i}\delta_{ij}\delta_{\mu\mu'}\delta_{\nu\nu'}$,证明

$$\sum_{k\in G}\chi^{(i)}(C_k)\chi^{(j)*}(C_k)N_k=g\delta_{ij}$$

证明 设 $\nu=\mu,\nu'=\mu'$ 并求和 μ,μ'

$$\sum_{R\in G}\Gamma^{(i)}(R)_{\mu\nu}\Gamma^{(j)*}(R)_{\mu'\nu'}=\frac{g}{l_i}\delta_{ij}\delta_{\mu\mu'}\delta_{\nu\nu'}$$

$$=\sum_{R\in G}\sum_{\mu,\mu'}\Gamma^{(i)}(R)_{\mu\mu}\Gamma^{(j)*}(R)_{\mu'\mu'}=\frac{g}{l_i}\delta_{ij}\sum_{\mu,\mu'}\delta_{\mu\mu'}$$

$$=\sum_{R\in G}\chi^{(i)}(R)\chi^{(j)}(R)^*=\frac{g}{l_i}\delta_{ij}\sum_{\mu,\mu'}\delta_{\mu\mu'}$$

由于

$$\sum_{\mu,\mu'}\delta_{\mu\mu'}=\sum_{\mu'}^{l_i}\delta_{1\mu'}+\sum_{\mu'}^{l_i}\delta_{2\mu'}+\cdots+\sum_{\mu'}^{l_i}\delta_{l_i\mu'}=1+1+\cdots+1=l_i$$

因此

$$\sum_{R\in G}\chi^{(i)}(R)\chi^{(j)}(R)^*=g\delta_{ij}$$

$\sum_{C_k\in G}\chi^{(i)}(C_k)\chi^{(j)}(C_k)^*N_k=g\delta_{ij}$ 是对行而言的.

6. 特征标的正交(2)

按列的正交

$$\sum_{k\in G}\chi^{(i)}(C_k)\chi^{(i)*}(C_l)N_k=g\delta_{kl}$$

例如,对于 C_{3v} 可有

$$\begin{pmatrix}1 & 1 & 1\\ 1 & 1 & -1\\ 2 & -1 & 0\end{pmatrix}\begin{matrix}A_1\\ A_2\\ E\end{matrix}$$

$$(C_1)\quad(C_2)\quad(C_3)$$

这里,C_1 类即 E 类, C_2 类即 $2C_3$ 类,C_3 类即 $3\sigma_v$ 类.

若 $C_k=C_1,C_l=C_2$,则 $1\times1\times2+1\times1\times2+2\times(-1)\times2=0$.

若 $C_k=C_l=C_3$,则 $1\times1\times3+(-1)\times(-1)\times3+0\times0\times3=6=g$.

7. 可约表示的约化

若

$$\Gamma(A)=\begin{pmatrix} \Gamma^{(1)}(A) & & & 0 \\ & \Gamma^{(1)}(A) & & \\ & & \Gamma^{(2)}(A) & \\ 0 & & & \ddots \end{pmatrix}$$

则约化后为

$$\Gamma(A)=a_1\Gamma^{(1)}(A)\oplus a_2\Gamma^{(2)}(A)\oplus\cdots\oplus a_i\Gamma^{(i)}(A)\oplus\cdots$$

$$\chi(A)=a_1\chi^{(1)}(A)\oplus a_2\chi^{(2)}(A)\oplus\cdots\oplus a_i\chi^{(i)}(A)\oplus\cdots$$

$$=\sum_i a_i\chi^{(i)}(A)$$

式中,$\chi(A)$和 $\chi^{(i)}(A)$分别为可约和不可约表示.

如何找到在可约表示中含不可约表示 $\chi^{(j)}(A)$的个数 a_j 呢？对可约表示前乘 $\chi^{(j)*}(A)$,然后对所有 $A\in G$ 求和,即

$$\sum_{A\in G}\chi^{(j)*}(A)\chi(A)=\sum_i a_i\sum_{A\in G}\chi^{(i)}(A)\chi^{(j)*}(A)$$

$$=\sum_i a_i g\delta_{ij}=a_j g$$

其中,$\chi(A)=\sum_i a_i\chi^{(i)}(A)$,所以有

$$a_j=\frac{1}{g}\sum_{A\in G}\chi^{(j)*}(A)\chi(A)=\frac{1}{g}\sum_{A\in G}N_k\chi^{(j)*}(C_k)\chi(C_k)$$

习题 3.7　D_{4h}的一个可约是

Γ	E	$2C_4$	C_2	$2C_2'$	$2C_2''$	i	$2S_4$	σ_h	$2\sigma_v$	$2\sigma_d$
$\chi(C_k)$	3	−1	−1	−1	1	3	−1	−1	−1	1

应用 D_{4h}的特征标表,约化 Γ 成为以下不可约表示

$$\Gamma=B_{2g}\oplus E_g$$

若 $j=A_{1g}$,应用 $a_j=\frac{1}{g}\sum_{A\in G}\chi^{(j)*}(A)\chi(A)=\frac{1}{g}\sum_{A\in G}N_k\chi^{(j)*}(C_k)\chi(C_k)$,得到

$$a_{A_{1g}}=\frac{1}{16}\{1\times1\times3+2\times1\times(-1)+1\times1\times(-1)+2\times1\times(-1)+2\times1\times1+1\times1\times3+2\times1\times(-1)+1\times1\times(-1)+2\times1\times(-1)+2\times1\times1\}=0$$

因而,A_{1g}不是 Γ 的不可约表示.

8. 可约性的标准

对于群 G,Γ 可能是或不是可约的. 若 Γ 是不可约的,则

$$\chi(A)=\sum_j a_j\chi^{(j)}(A),\quad \chi^*(A)=\sum_i a_i^*\chi^{(i)*}(A)$$

因而

$$\frac{1}{g}\sum_{A\in G}\chi(A)\chi^*(A)=\frac{1}{g}\sum_{i,j}a_ja_i^*\sum_{A\in G}\chi^{(j)}(A)\chi^{i*}(A)=\frac{1}{g}\sum_{i,j}a_ja_i^*g\delta_{ij}$$
$$=\sum_i a_ia_i^*=\sum_i|a_i|^2$$

若 $\sum_i|a_i|^2=1$,则其中一项必为 1. 因为 a_i 必为非负整数,所以有

$$\sum_{A\in G}\chi(A)\chi^*(A)=g=\sum_{C_k\in G}N_k\chi(C_k)\chi^*(C_k)$$

3.7　表示矩阵含有更多信息,但特征标更有用

以群 C_{4v} 为例验正以上所述的结论.

C_{4v}	E	$2C_4$	C_2	$2\sigma_v$	$2\sigma_d$	SBF
A_1	1	1	1	1	1	z,x^2+y^2,z^2
A_2	1	1	1	-1	-1	R_z
B_1	1	-1	1	1	-1	x^2-y^2
B_2	1	-1	1	-1	1	xy
E	2	0	-2	0	0	$(x,y),(R_x,R_y),(xz,yz)$

(1) $g=\sum_i l_i^2=1^2+1^2+1^2+1^2+2^2=8$.

(2) 群的类的数目等于不可约表示的数目,即 5 类,5 个不可约表示. 即不可约表示的个数,对每个群是特征的,即对称类型数目是特征的.

对于 C_{4v} 群,有 5 个不可约表示,4 个一维,1 个二维.

(3) 对行有

$$\sum_{R\in G}\chi^{(i)}(R)\chi^{(j)*}(R)=\sum_{k\in G}\chi^{(i)}(C_k)\chi^{(j)*}(C_k)N_k=g\delta_{ij}$$

(4) 对列有

$$\sum_{k\in G}\chi^{(i)}(C_k)\chi^{(i)*}(C_l)N_k=g\delta_{kl}$$

(5) $\sum\limits_{A\in G}\chi(A)\chi^*(A)=g$，即如果特征标全为实数，特征标的平方和等于群的阶.

(6) 每个群仅有一个全对称不可约表示，其维数为 1.

3.8　交换群的表示

1. 回顾交换群的要点

对于群 G，若 $AB=BA$，则称为交换群.

若 $\chi A\chi^{-1}=B$，$A,B,\chi\in G$，则 A,B 在同一类. 因为是交换群，所以有 $\chi A\chi^{-1}=\chi\chi^{-1}A=A$. 因而，每个元素自成一类. 无论对何种群，单位元素都自成一类. 因而

(1) 群的阶数＝群的类数＝不可约表示的个数；

(2) 所有不可约表示都是一维的，即 1×1 的矩阵，是一数；

(3) 表示矩阵即特征标，即 $\Gamma(A)=\chi(A)$，$A\in G$；

(4) 群 G 的所有元素都由一个元素生成，即 $A,A^2,A^3,\cdots,A^r=E$. 例如，对于群 C_2，有

C_2	E	C_2
A	1	1
B	1	-1

2. 证明 $C_3(C_3,C_3^2,C_3^3=E)$

C_3	E	C_3	C_3^2
A	1	1	1
E	1	ε	ε^*
	1	ε^*	ε

若

$$\Gamma(A)=\chi(A)=\varepsilon=e^{2\pi i/3}$$

则

$$\Gamma(A)\Gamma(A)=\Gamma(A^2)=\chi(A^2)=\chi(A)\chi(A)=\varepsilon^2=e^{2\pi i(2/3)}=\varepsilon^*$$

因为

$$(\varepsilon^2)* = \left(\cos 2\pi\frac{2}{3}+\mathrm{i}\sin 2\pi\frac{2}{3}\right)^* = \cos 2\pi\frac{2}{3}-\mathrm{i}\sin 2\pi\frac{2}{3}$$

$$=\cos 2\pi\frac{1}{3}+\mathrm{i}\sin 2\pi\frac{1}{3}=\varepsilon\rightarrow\varepsilon^*=\varepsilon^2$$

$$\chi(A)\chi(A)\chi(A)=\varepsilon^3=\mathrm{e}^{2\pi\mathrm{i}(3/3)}=\cos 2\pi+\mathrm{i}\sin 2\pi=1$$

则特征标表如下所示：

	C_3	C_3^2	$C_3^3=E$
$\Gamma^{(1)}$	ε	ε^2	ε^3
$\Gamma^{(2)}$	ε^2	ε^4	ε^6
$\Gamma^{(3)}$	ε^3	ε^6	ε^9

由正交性可考察上述特征标是否正确.

对于交换群，表示矩阵即特征标，即 $\Gamma(A)=\chi(A)$，$A\in G$，故可用下式

$$\sum_{R\in G}\chi^{(i)}(R)\chi^{(j)*}(R)=\sum_{k\in G}\chi^{(i)}(C_k)\chi^{(j)*}(C_k)N_k=g\delta_{ij}$$

来验证上述特征标表的正交性，即

$$\sum_{n=1}^{3}\Gamma^{(i)}(C_3^n)\Gamma^{(j)*}(C_3^n)=g\delta_{ij}$$

若 $i=j=\Gamma^{(1)}$

$$\varepsilon\times\varepsilon^*+\varepsilon^2\times\varepsilon^{2*}+\varepsilon^3\times\varepsilon^{3*}=3=g$$

因为

$$\varepsilon^2\times\varepsilon^{2*}=\mathrm{e}^{2\pi\mathrm{i}(2/3)}\mathrm{e}^{-2\pi\mathrm{i}(2/3)}=\mathrm{e}^0=1$$

若 $i\neq j$，$\Gamma^{(2)}=i$，$\Gamma^{(1)}=j$，则有

$$\varepsilon^2\times\varepsilon^*+\varepsilon^4\times\varepsilon^{2*}+\varepsilon^6\times\varepsilon^{3*}=\varepsilon+\varepsilon^2+\varepsilon^3=\sum_{n=1}^{3}\mathrm{e}^{2\pi\mathrm{i}(n/3)}$$

$$=\sum_{n=1}^{3}\cos\left(2\pi\frac{n}{3}\right)+\sum_{n=1}^{3}\mathrm{i}\sin\left(2\pi\frac{n}{3}\right)=0$$

因此有

	C_3	C_3^2	$C_3^3=E$
$\Gamma^{(1)}$	ε	ε^2	1
$\Gamma^{(2)}$	ε^2	ε	1
$\Gamma^{(3)}$	1	1	1

因为

$$(\varepsilon^2)^* = \left\{\cos\left(2\pi\frac{2}{3}\right)+\mathrm{i}\sin\left(2\pi\frac{2}{3}\right)\right\}^*$$

$$=\cos\left(2\pi\frac{2}{3}\right)-\mathrm{i}\sin\left(2\pi\frac{2}{3}\right)=\cos\left(2\pi\frac{1}{3}\right)+\mathrm{i}\sin\left(2\pi\frac{1}{3}\right)=\varepsilon$$

即 $\varepsilon^* = \varepsilon^2$.

3.9 规则表示

1. 回顾乘法表

	E	$A(\sigma_{va})$	$B(\sigma_{vb})$	$C(\sigma_{vc})$	$D(C_3)$	$F(C_3^2)$
$E=E^{-1}$	E	A	B	C	D	F
$\sigma_{va}=A^{-1}$	A	E	D	F	B	C
$\sigma_{vb}=B^{-1}$	B	F	E	D	C	A
$\sigma_{vc}=C^{-1}$	C	D	F	E	A	B
$C_3^2=D^{-1}$	F	B	C	A	E	D
$C_3=F^{-1}$	D	C	A	B	F	E

(1) 行元素用 $E,A,B,\cdots$ 表示,列元素用对应的逆元素表示 $E^{-1},A^{-1},B^{-1},\cdots$;

(2) 对角元素都是单位元素;

(3) 每个元素在各行或各列中只出现一次.

2. 如何由乘法表生成规则表示

例如,如何生成 $\Gamma(A)$,即群元素 A 的规则表示的表示矩阵,对应于 C_{3v} 的 σ_{va} 的表示矩阵. 用 1 代替所有元素 $A=\sigma_{va}$,其他均为零,即是

$$\Gamma^{(\mathrm{reg})}(A)=\Gamma^{(\mathrm{reg})}(\sigma_{va})=\begin{pmatrix}0&1&0&0&0&0\\1&0&0&0&0&0\\0&0&0&0&0&1\\0&0&0&0&1&0\\0&0&0&1&0&0\\0&0&1&0&0&0\end{pmatrix}$$

显然,有

$$[\Gamma^{(\mathrm{reg})}(A)]_{i,j}=\delta_{i,j;A}=\begin{cases}1\\0\end{cases}$$

而特征标,仅 $\chi^{\mathrm{reg}}(E)=g=l_i$;其他元素的特征标都为零.

集合 $\Gamma^{(\mathrm{reg})}\{\Gamma^{(\mathrm{reg})}(E),\Gamma^{(\mathrm{reg})}(A),\Gamma^{(\mathrm{reg})}(B),\cdots\}$是群的一个规则表示. 规则表示的维数就是群的阶数.

3. 证明若 $BC=D\in G$,则 $\Gamma^{(\mathrm{reg})}(B)\Gamma^{(\mathrm{reg})}(C)=\Gamma^{(\mathrm{reg})}(D)\in\Gamma^{(\mathrm{reg})}$,则 $\Gamma^{(\mathrm{reg})}$是群 G 的一个规则表示

$$\sum_{A_j}[\Gamma^{(\mathrm{reg})}(B)]_{A_k^{-1}A_j}[\Gamma^{(\mathrm{reg})}(C)]_{A_j^{-1}A_i}=[\Gamma^{(\mathrm{reg})}(D)]_{A_k^{-1}A_i}$$

若

$$\delta_{A_k^{-1}A_j;B}=\begin{cases}1\\0\end{cases},\quad \delta_{A_j^{-1}A_i;C}=\begin{cases}1\\0\end{cases},\quad \delta_{A_k^{-1}A_i;D}=\begin{cases}1\\0\end{cases}$$

同时非零时,则有

$$BC=(A_k^{-1}A_j)(A_j^{-1}A_i)=A_k^{-1}A_i=D$$

因而 $\Gamma^{(\mathrm{reg})}$是群 G 的一个规则表示.

4. 证明 The Celebrated Theorem

$$\Gamma^{(\mathrm{reg})}=\sum_i a_i\Gamma^{(i)}=\sum_i l_i\Gamma^{(i)},\quad a_i=l_i$$

证明

$$a_i=\frac{1}{g}\sum_{A\in G}\chi^{(i)}(A)\chi(A)=\frac{1}{g}\sum_{A\in G}\chi^{(i)}(A)\chi^{(\mathrm{reg})}(A)$$

$$=\frac{1}{g}\chi^{(i)*}(E)\chi^{(\mathrm{reg})}(E)=\frac{1}{g}\chi^{(i)}(E)g=\chi^{(i)}(E)=l_i$$

3.10 对称化基函数

1. 定义

若某个基函数 Φ(如 $\vec{U},x,y,x^2+y^2,\cdots$),满足

$$A\Phi=\Gamma(A)\Phi,\quad \chi(A)=\chi^{(i)}(A),\quad 对于所有\ A\in G$$

则称为不可约表示 $\Gamma^{(i)}$的对称化基函数(the symmetrized basis function,SBF).

2. 以群 C_{4v} 的特征标表为例加以说明

C_{4v}	E	$2C_4$	C_2	$2\sigma_v$	$2\sigma_d$	SBF
A_1	1	1	1	1	1	z, x^2+y^2, z^2
A_2	1	1	1	-1	-1	R_z
B_1	1	-1	1	1	-1	x^2-y^2
B_2	1	-1	1	-1	1	xy
E	2	0	-2	0	0	$(x,y),(R_x,R_y),(xz,yz)$

(1) Z 是群 C_{4v} 的 A_1 不可约表示的一维 SBF，由图 3.3 可以看出：

主轴 C_4 与 Z 轴重合，而反时针旋转

$$RZ=\Gamma^{(A_1)}(R)Z=\chi^{(A_1)}(R)Z=Z$$

因为 $\chi^{(A_1)}(R)=1$，对于所有群元素，$R\in C_{4v}$. 因而 Z 是不可约表示的 A_1 的 SBF. 同理有

$$RZ^2=\Gamma^{(A_1)}(R)Z^2=\chi^{(A_1)}(R)Z^2=Z^2$$

因为 $\chi^{(A_1)}(R)=1$，对于所有群元素，$R\in C_{4v}$.

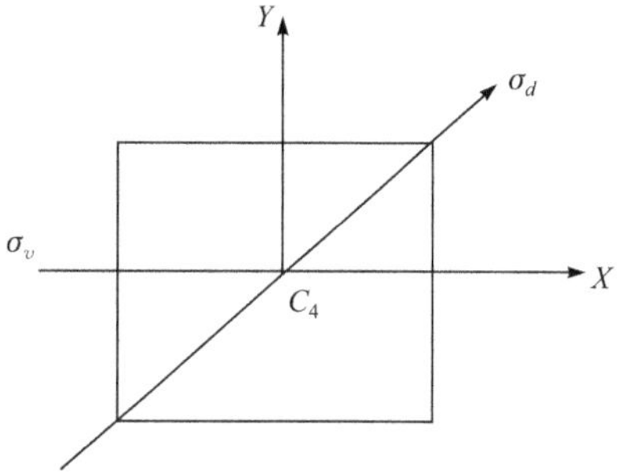

图 3.3

$$R(x^2+y^2)=\Gamma^{(A_1)}(R)(x^2+y^2)=\chi^{(A_1)}(R)(x^2+y^2)=(x^2+y^2)$$

例如

$R=E, \chi^{(A_1)}(E)=1$；

$R=C_4, C_4(x^2+y^2)=y^2+(-x)^2=x^2+y^2$，则 $\chi^{(A_1)}(C_4)=1$；

$R=C_4^3, C_4^3(x^2+y^2)=(-y)^2+x^2=x^2+y^2$，则 $\chi^{(A_1)}(C_4^3)=1$；

$R=\sigma_v, \sigma_v(x^2+y^2)=x^2+(-y)^2=x^2+y^2$，则 $\chi^{(A_1)}(\sigma_v)=1$；

$R=\sigma_d, \sigma_d(x^2+y^2)=y^2+x^2=x^2+y^2$，则 $\chi^{(A_1)}(\sigma_d)=1$.

(2) (x^2-y^2) 是群 C_{4v} 的 B_1 不可约表示的一维 SBF.

$$R(x^2-y^2)=\Gamma^{(B_1)}(R)(x^2-y^2)=\chi^{(B_1)}(R)(x^2-y^2)$$

若 $R=C_4, C_4(x^2-y^2)=[y^2-(-x)^2]=-(x^2-y^2)$，则 $\chi^{(B_1)}(C_4)=-1$.

若 $R=\sigma_d, \sigma_d(x^2-y^2)=[y^2-x^2]=-(x^2-y^2)$，则 $\chi^{(B_1)}(\sigma_d)=-1$.

(3) xy 是群 C_{4v} 的 B_2 不可约表示的一维 SBF.

若 $R=\sigma_v, \sigma_v(xy)=x(-y)=-xy$，则 $\chi^{(B_2)}(\sigma_v)=-1$.

(4) (x,y) 是群 C_{4v} 的 E 不可约表示的二维 SBF.

若$R=C_2$，$C_2\begin{pmatrix}X\\Y\end{pmatrix}=\Gamma^{(E)}(C_2)\begin{pmatrix}X\\Y\end{pmatrix}=\begin{pmatrix}-X\\-Y\end{pmatrix}=\begin{pmatrix}-1&0\\0&-1\end{pmatrix}\begin{pmatrix}X\\Y\end{pmatrix}$，则$\chi^{(E)}(C_2)=-2$.

若$R=C_4$，$C_4\begin{pmatrix}x\\y\end{pmatrix}=\Gamma^{(E)}(C_4)\begin{pmatrix}y\\-x\end{pmatrix}=\begin{pmatrix}0&1\\-1&0\end{pmatrix}\begin{pmatrix}x\\y\end{pmatrix}$，则$\chi^{(E)}(C_4)=0$.

3. 原子轨道是群的不可约表示的SBF

(1) p轨道(p_x，p_y，p_z)

$p_x=\sqrt{\frac{3}{4\pi}}\frac{x}{r}$，则$x\to p_x$；

$p_y=\sqrt{\frac{3}{4\pi}}\frac{y}{r}$，则$y\to p_y$；

$p_z=\sqrt{\frac{3}{4\pi}}\frac{z}{r}$，则$x\to p_z$.

(2) d轨道(d_{xy}，d_{yz}，d_{xz}，$d_{x^2-y^2}$，d_{z^2}).

$d_{xy}=\sqrt{\frac{15}{4\pi}}\frac{xy}{r^2}$，则$xy\to d_{xy}$；

$d_{yz}=\sqrt{\frac{15}{4\pi}}\frac{yz}{r^2}$，则$yz\to d_{yz}$；

$d_{xz}=\sqrt{\frac{15}{4\pi}}\frac{xz}{r^2}$，则$xz\to d_{xz}$；

$d_{x^2-y^2}=\sqrt{\frac{15}{16\pi}}\frac{x^2-y^2}{r^2}$，则$x^2-y^2\to d_{x^2-y^2}$；

$d_{z^2}=\sqrt{\frac{15}{16\pi}}\frac{(3z^2-r)}{r^2}$，则$z^2\to d_{z^2}$.

(3) f轨道(f_{z^3}，f_{xz^2}，f_{yz^2}，$f_{z(x^2-y^2)}$，f_{zxy}，$f_{x(x^2-3y^2)}$，$f_{y(3x^2-y^2)}$)

$$f_{z^3}=\frac{1}{4}\sqrt{\frac{7}{\pi}}\frac{z}{r^3}(5z^2-3r^2)$$

$$f_{xz^2}=\frac{1}{8}\sqrt{\frac{42}{\pi}}\frac{x(5z^2-r^2)}{r^3}$$

$$f_{yz^2}=\frac{1}{8}\sqrt{\frac{42}{\pi}}\frac{y(5z^2-r^2)}{r^3}$$

$$f_{z(x^2-y^2)}=\frac{1}{4}\sqrt{\frac{105}{\pi}}\frac{z(x^2-y^2)}{r^3}$$

$$f_{zxy}=\frac{1}{2}\sqrt{\frac{105}{\pi}}\frac{zxy}{r^3}$$

$$f_{x(x^2-3y^2)}=\frac{1}{8}\sqrt{\frac{70}{\pi}}\frac{x(x^2-3y^2)}{r^3}$$

$$f_{y(3x^2-y^2)}=\frac{1}{8}\sqrt{\frac{70}{\pi}}\frac{y(3x^2-y^2)}{r^3}$$

4. 分子轨道(MO)必须是群的 SBF

(1) 分子轨道是原子轨道(AO)的线性组合，例如，MO=LCAO，AO 是 SBF；而 MO 可能是或不是 SBF. 若不是，则用投影算符投影出 SBF，这称为对称匹配的分子轨道，即 SBF=SAMO.

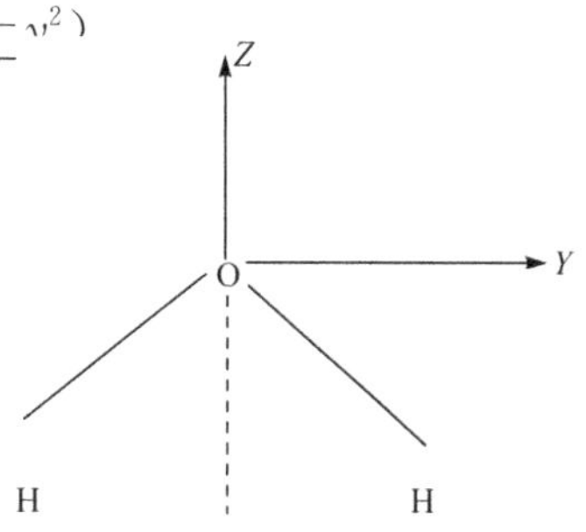

图 3.4

(2) 实例. 群 C_{2v}，如 H_2O(图 3.4).

	E	C_2	$\sigma_v(xz)$	$\sigma_v'(yz)$	SBF
$A_1(a_1)$	1	1	1	1	z, x^2, y^2, z^2
$A_2(a_2)$	1	1	−1	−1	xy
$B_1(b_1)$	1	−1	1	−1	x, xz
$B_2(b_2)$	1	−1	−1	1	y, yz

(3) 其中，H_2O 在 YZ 平面上，氧原子固定在原点，并有 $X\perp YZ$. 氧原子取 1s，2s，2p(p_x, p_y, p_z)轨道，氢原子仅取 1s($1s_1, 1s_2$)轨道．因为氧原子固定在原点，所以氧原子轨道均是对称匹配的原子轨道，即 SBF=SAAO. 而氢原子只能取两个氢原子的 1s($1s_1, 1s_2$)轨道的线性组合，即 SBF=SAMO. 这些列在下表中.

	SAAO 对氧原子	SAMO 对氢原子
a_1	1s, 2s, $2p_z$	$\frac{1}{2}(1s_1+1s_2)=\psi_{HS}$
a_2	无 d 轨道	无
b_1	$2p_x$	无
b_2	$2p_y$	$\frac{1}{2}(1s_1-1s_2)=\psi_{HA}$

可以验证 $\frac{1}{2}(1s_1-1s_2)=\psi_{HA}$ 是 b_2 表示的对称化基函数：

$E(1s_1-1s_2)=(1s_1-1s_2)$，如 $\chi(E)=1$；

$C_2(1s_1-1s_2)=(1s_2-1s_1)=-(1s_1-1s_2)$，如 $\chi(C_2)=-1$；

$\sigma_v(xz)(1s_1-1s_2)=(1s_2-1s_1)=-(1s_1-1s_2)$，如 $\chi(\sigma_v)=-1$；

$\sigma_v'(yz)(1s_1-1s_2)=(1s_1-1s_2)$，如 $\chi(\sigma_v')=1$.

这表示$\frac{1}{2}(1s_1-1s_2)=\psi_{HA}$是 b_2 不可约表示的对称化基函数.

(4) 计算 H_2O 的 SAMO 和电子组态.

氧原子的电子组态为 $1s^2 2s^2 2p^4$，氢原子的电子组态为 1s. 由 Hartree-Fock 方法，并用 MO=LCAO，结果如下：

MO	$(1a_1)^2$	$(2a_1)^2$	$(1b_2)^2$	$(3a_1)^2$	$(1b_1)^2$
ε/au	−20.48	−1.33	−0.684	−0.485	−0.434

$$\Psi(1a_1)=-1.0002\psi_{1s}-0.0163\psi_{2s}+0.0039\psi_{HS}-0.0024\psi_{2p_z}\to\psi_{1s}(O)$$

$$\Psi(2a_1)=0.845\psi_{2s}+0.2084\psi_{HS}+0.133\psi_{2p_z}-0.0029\psi_{1s}\to MO$$

$$\Psi(1b_2)=0.613\psi_{HA}+0.543\psi_{2p_y}\to MO$$

$$\Psi(3a_1)=0.827\psi_{2p_z}-0.461\psi_{2s}+0.393\psi_{HS}-0.026\psi_{1s}\to MO$$

$$\Psi(1b_1)=1.0\psi_{2p_x}\to AO[2p_x(O)]$$

5. 分子的电子状态是群的 SBF(1)

对线性分子，$A-A$，$A-B$，$A-B-C$ 等

(1) 原子耦合的回顾.

L-S 耦合，L，S 是运动常数. 例如，氧原子的基电子组态为 $1s^2 2s^2 2p^4$，耦合得到$^3P_{2,1,0}$，$^1S_0$，$^1D_2$.

j-j 耦合，J 为运动常数.

例如，Tl 的组态为…$5d^{10}6s^2 6p$，其中 $5d^{10}6s^2$ 闭合，则

$s=1/2$，$l=1$，则 $J=3/2,1/2$；$J=1/2$ 为基态，$J=3/2$ 为激发态.

例如，Tl^{+1}的组态为…$5d^{10}6s6p\to sp$

s 电子，$j=1/2$；

p 电子，$j=3/2,1/2$. 则有态$(1/2,3/2)_{2,1}$和$(1/2,1/2)_{1,0}$.

(2) 对于分子，$A-B$，$A-B-C$ 线性分子.

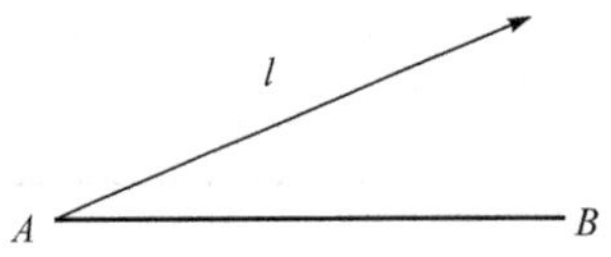

角动量 l 绕分子轴转动，因而 l 不是运动常数，而其投影是运动常数.

$$\Lambda=\left|\sum m_l\right|=\begin{matrix}0 & 1 & 2 & 3 & \cdots\\ \Sigma & \pi & \Delta & \Phi & \cdots\end{matrix}$$

Λ 是运动常数．例如，

$$H_2,\quad X^1\Sigma_g^+,\quad B^1\Sigma_u^+,\cdots$$

$$N_2,\quad X^1\Sigma_g^+,\quad A^3\Sigma_u^+,\cdots$$

$$O_2,\quad X^3\Sigma_g^-,\quad a\Delta_g^1,\cdots$$

6. 分子的电子状态是群的 SBF(2)(非线性分子等)

这时，l 和 $\left|\sum m_l\right|$ 对是可变的，只有群的不可约表示. 例如，A_1，A_2，B_1，B_2 等是不变的.

$C_{2v}(H_2O)$　$\widetilde{X}^1A_1, \widetilde{A}^1B_1, \widetilde{C}^1B_1, \cdots$

$C_{3v}(NH_3)$　$\widetilde{X}^1A_1$

$D_{3h}(NH_3)$　$\widetilde{X}^1A_2''$，　$\widetilde{B}'E'', \widetilde{C}^1A', \cdots$

$T_d(CH_4)$　$\widetilde{X}^1A_1, \widetilde{A}(^1F_2), \cdots$

7. 导出对称化基函数

本节已给出对称化基函数的定义，现以 D_{2h} 为例(图 3.5)，给出如何导出 SBF. 设坐标中有任一点 $p(x,y,z)$，坐标(x,y,z)在 D_{2h} 的不同对称元素变换方式如下，即可得到 D_{2h} 的对称化基函数.

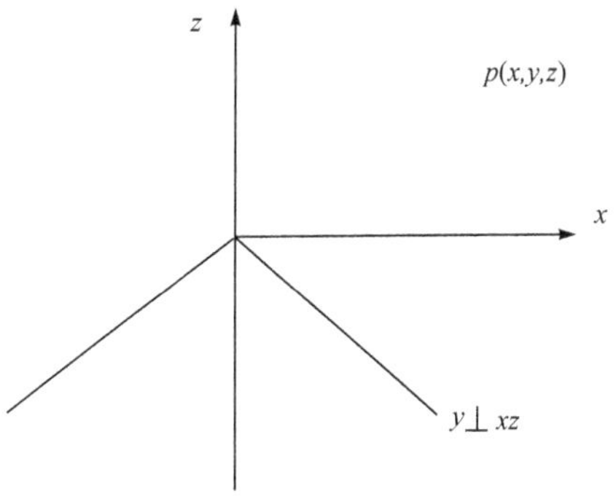

图 3.5

D_{2h}	E	$C_2(z)$	$C_2(y)$	$C_2(x)$	i	σ_v^{xy}	σ_v^{zx}	σ_v^{yz}	SBF
x	x	$-x$	$-x$	x	$-x$	x	x	$-x$	B_{3u}
y	y	$-y$	y	$-y$	$-y$	y	$-y$	y	B_{2u}
z	z	z	$-z$	$-z$	$-z$	$-z$	z	z	B_{1u}
xy	xy	xy	$-xy$	$-xy$	xy	xy	$-xy$	$-xy$	B_{1g}
xz	xz	$-xz$	xz	$-xz$	xz	$-xz$	xz	$-xz$	B_{2g}
⋮	⋮								

3.11　投影算符(对于空间的轨道)

1. 引言

已知对于群 C_{2v}，如 H_2O，氧的原子轨道，$2p_z$ 是 A_1 的 SBF，d_{xy} 是 A_2 的 SBF，即是 SAAO. 但是，MO=LCAOMO 则可以是或不是 SBF，如果不是，则可定义投影算符 $\hat{O}$，使其有

$$\hat{O}(\Gamma^{(j)})\phi(\text{如 LCAO})\rightarrow\psi^{(j)}$$

$$\psi^{(j)}=\text{SAAO，或 SBF}$$

即将 ϕ 投影到子空间,则有 $\psi^{(j)}$.

2. 投影算符(projection operator)$\hat{O}$

设有群 $G(E,A,B,\cdots)$,其不可约酉表示为

$$\Gamma^{(i)}\{\Gamma^{(i)}(E),\Gamma^{(i)}(A),\Gamma^{(i)}(B),\cdots\}\quad l_i-D$$
$$i=1,2,\cdots,N_c$$

其 SBF$\{\psi_1^{(i)},\psi_2^{(i)},\cdots,\psi_\nu^{(i)},\cdots,\psi_{l_i}^{(i)}\}$,已知对于任何集组$(\phi_1,\cdots,\phi_i,\cdots,\phi_j)$,有

$$A\phi_i=\sum_j^{N_c}\phi_j\Gamma_{ji}^{(i)}(A),\quad A\in G$$

相似地,对 SBF$\{\psi_1^{(i)},\psi_2^{(i)},\cdots,\psi_\nu^{(i)},\cdots,\psi_{l_i}^{(i)}\}$也如此.

$$A\phi_\nu^{(i)}=\sum_{\mu=1}^{l_i}\psi_\mu^{(i)}\Gamma_{\mu\nu}^{(i)}(A),\quad A\in G \tag{3.1}$$

但是,任何分子轨道 MO 是所有 $\phi_\nu^{(i)}$,$i=1,2,\cdots,N_c$ 的线性组合.例如

$$\phi(\mathrm{MO})=\sum_{i=1}^{N_c}\sum_{\nu=1}^{l_i}\phi_\nu^{(i)}$$

$$A\phi(\mathrm{MO})=\sum_{i=1}^{N_c}\sum_{\nu=1}^{l_i}A\phi_\nu^{(i)} \tag{3.2}$$

将式(3.1)代入式(3.2),有

$$A\phi(\mathrm{MO})=\sum_{i=1}^{N_c}\sum_{\nu=1}^{l_i}\sum_{\mu=1}^{l_i}\psi_\mu^{(i)}\Gamma_{\mu\nu}^{(i)}(A),\quad A\in G$$

两边乘 $\Gamma_{\mu'\nu'}^{(j)*}(A)$,再对所有 $A\in G$ 求和

$$\sum_A[\Gamma_{\mu'\nu'}^{(j)*}(A)]A\phi(\mathrm{MO})=\sum_A\sum_{i=1}^{N_c}\sum_{\nu=1}^{l_i}\sum_{\mu=1}^{l_i}\psi_\mu^{(i)}[\Gamma_{\mu\nu}^{(i)}(A)\Gamma_{\mu'\nu'}^{(j)*}(A)],\quad A\in G$$

已知

$$\sum_{R\in G}\Gamma^{(i)}(R)_{\mu\nu}\Gamma^{(j)}(R)_{\mu'\nu'}=\frac{g}{l_i}\delta_{ij}\delta_{\mu\mu'}\delta_{\nu\nu'}$$

当 $i=j,\mu=\mu',\nu=\nu'$ 时

$$\sum_A[\Gamma_{\mu'\nu'}^{(j)*}(A)]A\phi=\frac{g}{l_j}\psi_{\mu'}^{(j)}$$

定义投影算符为

$$\hat{O}(\Gamma^{(j)})=\sum_A[\Gamma_{\mu'\nu'}^{(j)*}(A)]A$$

$$\hat{O}(\Gamma^{(j)})\phi=\frac{g}{l_j}\psi_\mu^{(j)}$$

例如，$\hat{O}(\Gamma^{(j)})\phi$(LCAO)→$\psi_{\mu'}^{(j)}$(SAMO)，$\psi_{\mu'}^{(j)}$是($\Gamma^{(j)}$)的 μ' 个 SBF(SAMO).

3. 投影算符 $\hat{O}_\chi$

对 $\sum_A [\Gamma_{\mu'\nu'}^{(j)*}(A)]A\phi = \frac{g}{l_j}\psi_{\mu'}^{(j)}$，去掉“′”并设 $\nu=\mu$，然后对所有 μ 求和，则有

$$\sum_A \sum_\mu [\Gamma_{\mu\mu}^{(j)*}(A)]A\phi = \sum_A \chi^{(j)*}(A)A\phi = \sum_\mu \frac{g}{l_j}\psi_\mu^{(j)}$$

定义

$$\hat{O}_\chi(\Gamma^{(j)}) = \sum_A \chi^{(j)*}(A)A$$

所以有

$$\hat{O}_\chi(\Gamma^{(j)})\phi = \sum_\mu \frac{g}{l_j}\psi_\mu^{(j)}$$

即

$\hat{O}_\chi(\Gamma^{(j)})\phi$ 导致 $\psi_\mu^{(j)}$ 的线性组合

4. C_{2v}的 $\hat{O}_\chi(\Gamma^{(j)})$

C_{2v}	E	C_2	$\sigma_v(xz)$	$\sigma_v'(yz)$	$\hat{O}_\chi$
$A_1(a_1)$	1	1	1	1	$\hat{O}_\chi(A_1)=E+C_2+\sigma_v(xz)+\sigma_v'(yz)$
$A_2(a_2)$	1	1	−1	−1	$\hat{O}_\chi(A_2)=E+C_2-\sigma_v(xz)-\sigma_v'(yz)$
$B_1(b_1)$	1	−1	1	−1	$\hat{O}_\chi(B_1)=E-C_2+\sigma_v(xz)-\sigma_v'(yz)$
$B_2(b_2)$	1	−1	−1	1	$\hat{O}_\chi(B_2)=E-C_2-\sigma_v(xz)+\sigma_v'(yz)$

5. 以 H_2O 为例

$$\hat{O}_\chi(B_2)1s_1=(E-C_2-\sigma_v+\sigma_v')1s_1=1s_1-1s_2-1s_2+1s_1=2(1s_1-1s_2)$$

习题 3.8　对于 $SO_2(C_{2v})$，证明：

(1) $(2p_y)_{O_1}-(2p_y)_{O_2}$是 A_1 的一个 SBF；

(2) $(2p_x)_{O_1}-(2p_x)_{O_2}$是 A_2 的一个 SBF；

(3) $(2p_z)_{O_1}-(2p_z)_{O_2}$是 B_2 的一个 SBF.

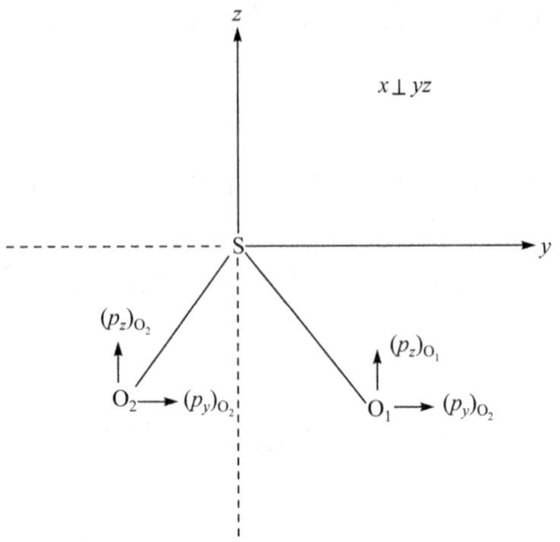

图 3.6

	E	C_2	$\sigma_v(xz)$	$\sigma_v'(yz)$	SBF
$A_1(a_1)$	1	1	1	1	z,x^2,y^2,z^2
$A_2(a_2)$	1	1	−1	−1	xy
$B_1(b_1)$	1	−1	1	−1	x,xz
$B_2(b_2)$	1	−1	−1	1	y,yz

证明

(1) $(2p_y)_{O_1}-(2p_y)_{O_2}$是 A_1 的一个 SBF.

$$E[(2p_y)o_1-(2p_y)o_2]=[(2p_y)o_1-(2p_y)o_2],\quad \chi(E)=1$$

$$\begin{aligned}C_2[(2p_y)o_1-(2p_y)o_2]&=[\{-(2p_y)o_2\}-\{-(2p_y)o_1\}]\\&=[(2p_y)o_1-(2p_y)o_2],\quad \chi(C_2)=1\end{aligned}$$

$$\begin{aligned}\sigma(xz)[(2p_y)o_1-(2p_y)o_2]&=[\{-(2p_y)o_2\}-\{-(2p_y)o_1\}]\\&=[(2p_y)o_1-(2p_y)o_2],\quad \chi(\sigma(xz))=1\end{aligned}$$

$$\sigma(yz)[(2p_y)o_1-(2p_y)o_2]=[(2p_y)o_1-(2p_y)o_2],\quad \chi(\sigma(yz))=1$$

(2) $(2p_x)_{O_1}-(2p_x)_{O_2}$是 A_2 的一个 SBF.

$$E[(2p_x)o_1-(2p_x)o_2]=[(2p_x)o_1-(2p_x)o_2],\quad \chi(E)=1$$

$$\begin{aligned}C_2[(2p_x)o_1-(2p_x)o_2]&=[\{-(2p_x)o_2\}-\{-(2p_x)o_1\}]\\&=[(2p_x)o_1-(2p_x)o_2],\quad \chi(C_2)=1\end{aligned}$$

$$\begin{aligned}\sigma(xz)[(2p_x)o_1-(2p_x)o_2]&=[(2p_x)o_2-(2p_x)o_1]\\&=-[(2p_x)o_1-(2p_x)o_2],\quad \chi(\sigma(xz))=-1\end{aligned}$$

$$\begin{aligned}\sigma(yz)[(2p_x)o_1-(2p_x)o_2]&=[-(2p_x)o_1]-[-(2p_x)o_2]\\&=-[(2p_x)o_1-(2p_x)o_2],\quad \chi(\sigma(yz))=-1\end{aligned}$$

3.12　群表示的直积

1. 表示矩阵的直积

若

$$A=\begin{pmatrix} A_{11} & A_{12} \\ A_{21} & A_{22} \end{pmatrix}_{2\times 2},\quad B=\begin{pmatrix} B_{11} & B_{12} & B_{13} \\ B_{21} & B_{22} & B_{23} \\ B_{31} & B_{32} & B_{33} \end{pmatrix}_{3\times 3}$$

则

$$A\otimes B=\begin{pmatrix} A_{11}B & A_{12}B \\ A_{21}B & A_{22}B \end{pmatrix}$$

例如,其中

$$A_{11}B=\begin{pmatrix} A_{11}B_{11} & A_{11}B_{12} & A_{11}B_{13} \\ A_{11}B_{21} & A_{11}B_{22} & A_{11}B_{23} \\ A_{11}B_{31} & A_{11}B_{32} & A_{11}B_{33} \end{pmatrix}$$

2. 某些性质

(1) 若 A,B 是对角的,则 $A\otimes B$ 是对角的;

(2) 若 A,B 是单位元,则 $A\otimes B$ 是单位元;

(3) $[A_1\otimes B_1][A_2\otimes B_2]=(A_1A_2)\otimes(B_1B_2)$;

(4) 若$[A_1\otimes B_1\otimes C]=F$,则$[\mathrm{tr}(A)][\mathrm{tr}(B)][\mathrm{tr}(C)]=[\mathrm{tr}(F)]$;

(5) $A\otimes(D+C)=A\otimes D+A\otimes C$;

(6) 若 A,B 是酉矩阵,则 $A\otimes B$ 是酉矩阵.

3. 表示的直积也是表示

(1) 设群 $G(E,A,B,\cdots)$,有以下表示

$$\Gamma^{(a)}=\{\Gamma^{(a)}(E),\Gamma^{(a)}(A),\cdots\},\quad \Gamma^{(b)}=\{\Gamma^{(b)}(E),\Gamma^{(b)}(A),\cdots\}$$

$$\Gamma^{\otimes}=\Gamma^{(a)}\otimes\Gamma^{(b)}=\{\Gamma^{(a)}(E)\otimes\Gamma^{(b)}(E),\Gamma^{(a)}(A)\otimes\Gamma^{(b)}(A),\Gamma^{(a)}(B)\otimes\Gamma^{(b)}(B),\cdots\}$$

可以证明

$$\Gamma^{(a)}=\{\Gamma^{(a)}(E),\Gamma^{(a)}(A),\cdots\},\quad \Gamma^{(b)}=\{\Gamma^{(b)}(E),\Gamma^{(b)}(A),\cdots\}$$

$$\Gamma^{\otimes}=\Gamma^{(a)}\otimes\Gamma^{(b)}=\{\Gamma^{(a)}(E)\otimes\Gamma^{(b)}(E),\Gamma^{(a)}(A)\otimes\Gamma^{(b)}(A),\Gamma^{(a)}(B)\otimes\Gamma^{(b)}(B),\cdots\}$$

因为

$$[\Gamma^{(a)}(A)\otimes\Gamma^{(b)}(A)][\Gamma^{(a)}(B)\otimes\Gamma^{(b)}(B)]=[\Gamma^{(a)}(A)\Gamma^{(a)}(B)]\otimes[\Gamma^{(b)}(A)\Gamma^{(b)}(B)]$$

所以

$$[\Gamma^{(a)}(C)]\otimes[\Gamma^{(b)}(C)]\in\Gamma^{\otimes}$$

因此，$\Gamma^{\otimes}$ 也是群的表示.

(2) 若 $\Gamma^{\otimes}(A)=\Gamma^{(a)}(A)\otimes\Gamma^{(b)}(A)$，则 $\chi(A)=\chi^{(a)}(A)\chi^{(b)}(A)$.

(3) 直积表示可表示为

$$\Gamma^{(i)}\otimes\Gamma^{(j)}=\sum_k x_k^{i,j}\Gamma^{(k)}$$

$x_k^{i,j}$ 为非负整数；$\Gamma^{(i)}$，$\Gamma^{(j)}$，$\Gamma^{(k)}$ 为不可约表示.

4. C_{4v} 的例子

C_{4v}	E	$2C_4$	C_2	$2\sigma_v$	$2\sigma_d$
A_1	1	1	1	1	1
A_2	1	1	1	−1	−1
B_1	1	−1	1	1	−1
B_2	1	−1	1	−1	1
E	2	0	−2	0	0

$$A_1\otimes A_1=A_1,\quad A_1\otimes A_2=A_2,\quad A_1\otimes B_1=B_1,\quad A_2\otimes A_2=A_1,\quad A_2\otimes B_1=B_2$$

$A_1\otimes A_1=A_1$，因为 $\chi^{(A_1)}(R)\chi^{(A_1)}(R)=\chi^{(A_1)}(R)$，$R\in C_{4v}$；

$A_1\otimes A_2=A_2$，因为 $\chi^{(A_1)}(R)\chi^{(A_2)}(R)=\chi^{(A_2)}(R)$，$R\in C_{4v}$；

$A_1\otimes B_1=B_1$，因为 $\chi^{(A_1)}(R)\chi^{(B_1)}(R)=\chi^{(B_1)}(R)$，$R\in C_{4v}$；

$A_2\otimes A_2=A_1$，因为 $\chi^{(A_2)}(R)\chi^{(A_2)}(R)=\chi^{(A_1)}(R)$，$R\in C_{4v}$；

$A_2\otimes B_1=B_2$，因为 $\chi^{(A_2)}(R)\chi^{(B_1)}(R)=\chi^{(B_2)}(R)$，$R\in C_{4v}$.

类似地，有 $B_1\otimes B_2=A_2$，$E\otimes E=A_1\oplus A_2\oplus B_1\oplus B_2$.

5. 直积表示的基函数

$$\Gamma^{(i)}(\phi_1,\phi_2,\cdots,\phi_{l_i}),\quad l_i-D$$

$$\Gamma^{(j)}(\psi_1,\psi_2,\cdots,\psi_{l_j}),\quad l_j-D$$

$$\Gamma^{(i)}\otimes\Gamma^{(j)},\quad l_i\times l_j-D$$

$$x_{mn}=\phi_m\psi_n,\quad 1\leqslant m\leqslant l_i,\quad 1\leqslant n\leqslant l_j$$

也即矩阵直积，对应的 SBF 直接相乘得到直积表示的基函数.

3.13　群表示在量子力学中的应用

1. 实例

BH ($X^1\Sigma^+$，$a^3\Pi$，$A^1\Pi$，…)，因为 BH 是 $C_{\infty v}$，g＝无穷大，只可能选"有限的"，其可交换子群为 $C_{2v}[E,C_2,\sigma_v(xz),\sigma_v'(yz)]$. 基集合为 STO-3G，即 H-1s，B-1s2 s2p$_x$2p$_y$2p$_z$，如 6 个基矢或六维，{ϕ_i，i=1s (H)，1s2s2p$_x$2p$_y$2p$_z$(B)}.

坐标安排如图所示，即 C_{2v}的 z 轴与 BH 的分子轴重合.

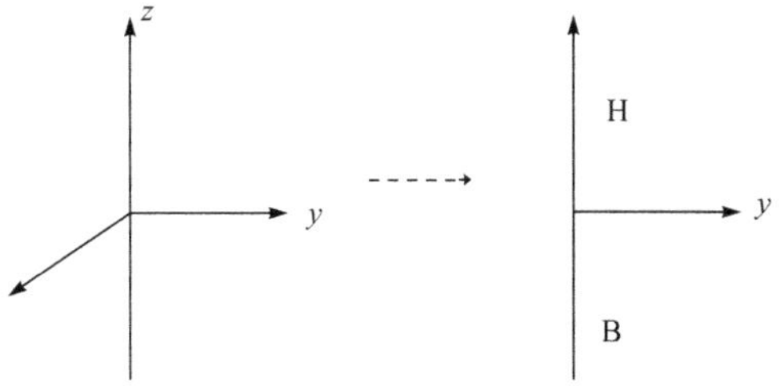

2. 导出在六维空间中的可约表示 Γ

$$\begin{pmatrix} H \\ 1s \\ 2s \\ 2p_x \\ 2p_y \\ 2p_z \end{pmatrix} = E \begin{pmatrix} H \\ 1s \\ 2s \\ 2p_x \\ 2p_y \\ 2p_z \end{pmatrix} = \begin{pmatrix} 1 & 0 & 0 & 0 & 0 & 0 \\ 0 & 1 & 0 & 0 & 0 & 0 \\ 0 & 0 & 1 & 0 & 0 & 0 \\ 0 & 0 & 0 & 1 & 0 & 0 \\ 0 & 0 & 0 & 0 & 1 & 0 \\ 0 & 0 & 0 & 0 & 0 & 1 \end{pmatrix} \begin{pmatrix} H \\ 1s \\ 2s \\ 2p_x \\ 2p_y \\ 2p_z \end{pmatrix}, \quad \chi(E)=6$$

$$\begin{pmatrix} H \\ 1s \\ 2s \\ -2p_x \\ -2p_y \\ 2p_z \end{pmatrix} = C_2 \begin{pmatrix} H \\ 1s \\ 2s \\ 2p_x \\ 2p_y \\ 2p_z \end{pmatrix} = \begin{pmatrix} 1 & 0 & 0 & 0 & 0 & 0 \\ 0 & 1 & 0 & 0 & 0 & 0 \\ 0 & 0 & 1 & 0 & 0 & 0 \\ 0 & 0 & 0 & -1 & 0 & 0 \\ 0 & 0 & 0 & 0 & -1 & 0 \\ 0 & 0 & 0 & 0 & 0 & 1 \end{pmatrix} \begin{pmatrix} H \\ 1s \\ 2s \\ 2p_x \\ 2p_y \\ 2p_z \end{pmatrix}, \quad \chi(C_2)=2$$

$$\begin{pmatrix} H \\ 1s \\ 2s \\ 2p_x \\ -2p_y \\ 2p_z \end{pmatrix} = \sigma_v(xz) \begin{pmatrix} H \\ 1s \\ 2s \\ 2p_x \\ 2p_y \\ 2p_z \end{pmatrix} = \begin{pmatrix} 1 & 0 & 0 & 0 & 0 & 0 \\ 0 & 1 & 0 & 0 & 0 & 0 \\ 0 & 0 & 1 & 0 & 0 & 0 \\ 0 & 0 & 0 & 1 & 0 & 0 \\ 0 & 0 & 0 & 0 & -1 & 0 \\ 0 & 0 & 0 & 0 & 0 & 1 \end{pmatrix} \begin{pmatrix} H \\ 1s \\ 2s \\ 2p_x \\ 2p_y \\ 2p_z \end{pmatrix}, \quad \chi[\sigma_v(xz)]=4$$

$$\begin{pmatrix} H \\ 1s \\ 2s \\ -2p_x \\ 2p_y \\ 2p_z \end{pmatrix} = \sigma_v(yz) \begin{pmatrix} H \\ 1s \\ 2s \\ 2p_x \\ 2p_y \\ 2p_z \end{pmatrix} = \begin{pmatrix} 1 & 0 & 0 & 0 & 0 & 0 \\ 0 & 1 & 0 & 0 & 0 & 0 \\ 0 & 0 & 1 & 0 & 0 & 0 \\ 0 & 0 & 0 & -1 & 0 & 0 \\ 0 & 0 & 0 & 0 & 1 & 0 \\ 0 & 0 & 0 & 0 & 0 & 1 \end{pmatrix} \begin{pmatrix} H \\ 1s \\ 2s \\ 2p_x \\ 2p_y \\ 2p_z \end{pmatrix}, \quad \chi[\sigma_v(yz)]=4$$

因而，$\Gamma(A)\{\Gamma(E)\Gamma(C_2)\Gamma[\sigma_v(xz)]\Gamma[\sigma_v'(yz)]\}$，$\chi(A)\{6,2,4,4,\}$.

3. 约化 $\Gamma(A)$ 为不可约表示

应用 $a_j = \frac{1}{g}\sum_{A\in G}\chi^{(j)*}(A)\chi(A)$，例如，

$$a_{A_2}=\frac{1}{4}\{1\times 6+1\times 2+(-1)\times 4+(-1)\times 4\}=0$$

则 $\Gamma=4A_1\oplus B_1\oplus B_2$，共六维.

4. 可能的电子状态为 A_1，B_1，B_2

5. 对可能的态 A_1，B_1，B_2，用投影算符法导出可能的 Ψ_i

$$\hat{O}_X = \sum_{A\in G}\chi^{(j)}(A)A,\quad \Psi = H + 1s + 2s + 2p_x + 2p_y + 2p_z$$

例如

$$\hat{O}_X(A_1)\Psi=[E+C_2+\sigma_v(xz)+\sigma_v{}'(xz)]\Psi$$

式中

$$E\Psi=E\{H+1s+2s+2p_x+2p_y+2p_z\}=H+1s+2s+2p_x+2p_y+2p_z$$
$$C_2\Psi=C_2\{H+1s+2s+2p_x+2p_y+2p_z\}=H+1s+2s-2p_x-2p_y+2p_z$$
$$\sigma_v(xz)\Psi=\sigma_v(xz)\{H+1s+2s+2p_x+2p_y+2p_z\}=H+1s+2s+2p_x-2p_y+2p_z$$
$$\sigma_v(yz)\Psi=\sigma_v(yz)\{H+1s+2s+2p_x+2p_y+2p_z\}=H+1s+2s-2p_x+2p_y+2p_z$$

因而

$$\begin{aligned}\hat{O}_X(A_1)\Psi &=[E+C_2+\sigma_v(xz)+\sigma_v{}'(xz)]\Psi\\ &=4(H)+4(1s)+4(2s)+4(p_z)=\Psi_{A_1}\end{aligned}$$

相似地

$$\Psi_{A_1}=4(H)+4(1s)+4(2s)+4(p_z),\quad \Psi_{A_2}=0,\quad \Psi_{B_1}=4p_x,\quad \Psi_{B_2}=4p_y$$

6. 对角化，量子力学计算和可能的电子状态

$$\Gamma(A)\rightarrow\begin{pmatrix}A_1 & & & & & 0\\ & A_1 & & & & \\ & & A_1 & & & \\ & & & A_1 & & \\ & & & & B_1 & \\ 0 & & & & & B_2\end{pmatrix}$$

电子状态：4 个 A_1，1 个 B_1，1 个 B_2；

解子矩阵以找到4个A_1,1个B_1,1个B_2可能的系数组合；
用变分法找到4个A_1,1个B_1,1个B_2.

7. 用群的分解找到BH($C_{\infty v}$)可能的电子状态

$C_{\infty v}$ C_{2v}	E E	$C_{\infty}^{\Pi}(z)$ $C_2(z)$	σ_v $\sigma_v(xz)$	σ_v $\sigma_v{}'(yz)$
A_1	1	1	1	1
A_2	1	1	−1	−1
B_1	1	−1	1	−1
B_2	1	−1	−1	1
Σ^+	1	1	1	1
Σ^-	1	1	−1	−1
Π	2	−2	0	0
Δ	2	2	0	0

因此

$$\Sigma^+ \rightarrow A_1,\quad \Sigma^- \rightarrow A_2,\quad \Pi \rightarrow B_1 \oplus B_2,\quad \Delta \rightarrow A_1 \oplus A_2$$

这些是对$C_{\infty V}$而言可能的电子状态.

3.14 选择规则

1. 若被积函数ϕ或$\phi_1\phi_2$是奇或偶函数,则

$$\int \phi(\text{或 } \phi_1\phi_2)\mathrm{d}\tau = 0,\text{奇函数}$$

$$\int \phi(\text{或 } \phi_1\phi_2)\mathrm{d}\tau \neq 0,\text{偶函数}$$

其中,$\phi(x)=-\phi(-x)$,为奇数

2. 直积表示

(1) 设对群$G(EAB\cdots)$,有两个表示(可为不可约或可约)

$$\Gamma^{(a)}\{\Gamma^{(a)}(E),\Gamma^{(a)}(A),\Gamma^{(a)}(B),\cdots\}$$

对称化基函数SBF$\{\phi_1\phi_2\phi_3\cdots\phi_{l_a}\}$,$l_a-D$

$$\Gamma^{(b)}\{\Gamma^{(b)}(E),\Gamma^{(b)}(A),\Gamma^{(b)}(B),\cdots\}$$

对称化基函数SBF$\{\psi_1\psi_2\psi_3\cdots\psi_{l_d}\}$,$l_b-D$

若$l_a=1$,则$\Gamma^{(a)}(A)=\chi^{(a)}(A)$;若$l_b=1$,则$\Gamma^{(b)}(A)=\chi^{(b)}(A)$;

$$\Gamma(A)=\Gamma^{(a)}(A)\otimes\Gamma^{(b)}(A)\leftrightarrow\chi(A)=\chi^{(a)}(A)\cdot\chi^{(b)}(A)$$

(2) 直积矩阵表示

$\Gamma\{\Gamma^{(a)}(E)\otimes\Gamma^{(b)}(E),\Gamma^{(a)}(A)\otimes\Gamma^{(b)}(A),\Gamma^{(a)}(B)\otimes\Gamma^{(b)}(B),\cdots\}$， $l_a\times l_b-D$ SBF 的张量积

$$\chi_{mn}=\phi_m\psi_n,\quad 1\leqslant m\leqslant l_a,\quad 1\leqslant n\leqslant l_b$$

3. 关于电偶极矩、电四极矩等电多极矩跃迁的一般表示式

由 ITO 法，电荷分布的多极矩展式为

$$Q_q^k=e\left[\frac{4\pi}{(2k+1)}\right]^{1/2}r^k\mathrm{Y}_q^k(\theta_\mathrm{e},\phi_\mathrm{e})$$

其中，Q_q^k 是 k 阶张量算符，当 $k=0,1,2,3,\cdots$时，分别称为电单极矩、电偶极矩、电四极矩、电八极矩……

$$Q_q^0=e\left[\frac{4\pi}{2k+1}\right]^{1/2}r^0\mathrm{Y}_q^0(\theta_\mathrm{e},\phi_\mathrm{e})\rightarrow \text{s 轨道}$$

$$Q_q^1=e\left[\frac{4\pi}{2k+1}\right]^{1/2}r^1\mathrm{Y}_q^1(\theta_\mathrm{e},\phi_\mathrm{e})\rightarrow \text{p 轨道}$$

$$Q_q^2=e\left[\frac{4\pi}{2k+1}\right]^{1/2}r^2\mathrm{Y}_q^2(\theta_\mathrm{e},\phi_\mathrm{e})\rightarrow \text{d 轨道}$$

……

有以下关系：

$$p_x=\sqrt{\frac{3}{4\pi}}\frac{x}{r}\text{，则 } x\rightarrow p_x\text{；}p_y=\sqrt{\frac{3}{4\pi}}\frac{y}{r}\text{，则 } y\rightarrow p_y\text{；}p_z=\sqrt{\frac{3}{4\pi}}\frac{z}{r}\text{，则 } z\rightarrow p_z$$

$$d_{xy}=\sqrt{\frac{15}{4\pi}}\frac{xy}{r^2}\text{，则 } xy\rightarrow d_{xy}\text{；}d_{yz}=\sqrt{\frac{15}{4\pi}}\frac{yz}{r^2}\text{，则 } yz\rightarrow d_{yz}$$

$$d_{xz}=\sqrt{\frac{15}{4\pi}}\frac{xz}{r^2}\text{，则 } xz\rightarrow d_{xz}\text{；}d_{x^2-y^2}=\sqrt{\frac{15}{16\pi}}\frac{x^2-y^2}{r^2}\text{，则 } x^2-y^2\rightarrow d_{x^2-y^2}$$

$$d_{z^2}=\sqrt{\frac{15}{16\pi}}\frac{(3z^2-r)}{r^2}\text{，则 } z^2\rightarrow d_{z^2}$$

x,y,z 代表电偶极跃迁；xy,xz,yz,z^2,x^2-y^2 等代表四偶极跃迁.

$$\int\Psi_a^* ex\Psi_b\mathrm{d}\tau=\int\Psi_a^*\mu_x\Psi_b\mathrm{d}\tau\begin{cases}=0,a,b\text{ 奇偶相同}\\ \neq 0,a,b\text{ 奇偶不同}\end{cases}$$

4. 定理

仅仅只要 ϕ_a 和 ψ_b 的对称化基函数的直积是全对称不可约表示，则

$$\int\phi_a\psi_b\mathrm{d}\tau\neq 0$$

证明 直积表示 $\Gamma^{(a)}(A)\otimes\Gamma^{(b)}(A)$可约化为

$$a_j = \frac{1}{g}\sum\chi^{(j)*}(A)\chi(A) = \frac{1}{g}\sum\chi^{(j)*}(A)\chi^{(a)}(A)\chi^{(b)}(A)$$

式中,$\Gamma^{(j)}$是全对称不可约表示,因而

$$\chi^{(j)}(A)=1,\quad A\in G$$

和

$$a_j = \frac{1}{g}\sum(A)\chi^{(a)}(A)\chi^{(b)}(A)$$

应用对行的正交性

$$\sum\chi^{(i)}(A)\chi^{(j)}(A) = g\delta_{ij}\leftrightarrow\sum\chi^{(a)}(A)\chi^{(b)}(A) = g\delta_{ab}$$

若 $\Gamma^{(a)}\neq\Gamma^{(b)}$,$a_j=0$,无全对称不可约表示.

若 $\Gamma^{(a)}=\Gamma^{(b)}$,$l_a=l_b$,$a_j=1$,有一个全对称不可约表示.

若 $\Gamma^{(a)}=\Gamma^{(b)}$,$l_a>1$,$l_b>1$,至少有一个全对称不可约表示.

5. 引理

此定理可推广到三个函数的直积,则积分为

$$\int\phi_a f\psi_b\mathrm{d}\tau\neq 0$$

仅当 $\phi_a\psi_b=f$ 或 $\phi_a\psi_b$ 至少含一个全对称不可约表示时.

6. 应用

若 $f=x,y,z,xy,xz,x^2,R_x,R_y,R_z,\cdots$,则只要 $\phi_a\psi_b=f$ 或 $\phi_a\psi_b$ 至少含 f 的一个组分,则有

$$\int\phi_a f\psi_b\mathrm{d}\tau\neq 0$$

	E	C_2	$\sigma_v(xz)$	$\sigma_v'(yz)$	SBF
$A_1(a_1)$	1	1	1	1	Z,x^2,y^2,z^2
$A_2(a_2)$	1	1	−1	−1	R_x,xy
$B_1(b_1)$	1	−1	1	−1	x,R_y,xz
$B_2(b_2)$	1	−1	−1	1	y,R_x,yz

考虑电偶极跃迁,则有

$A_1\rightarrow A_1,A_1\otimes A_1=A_1,f=z,\int\phi_a(\widetilde{X}A_1)f\phi_b(A_1)\mathrm{d}\tau\neq 0$　可以跃迁

$A_1\rightarrow B_1,A_1\otimes B_1=B_1,f=x,\int\phi_a(\widetilde{X}A_1)f\phi_b(B_1)\mathrm{d}\tau\neq 0$　可以跃迁

$A_1\rightarrow A_2,A_1\otimes A_2=A_2$,无 $x,y,z,\int\phi_a(\widetilde{X}A_1)f\phi_b(B_1)\mathrm{d}\tau=0$ 偶极跃迁禁阻

但是,R_z 表示磁偶极跃迁 M 可能;xy 表示电四极跃迁可能.

7. 群 D_{2h}

$$\int \phi_a f \psi_b \mathrm{d}\tau \neq 0$$

$A_g \to B_{1u}, A_g \otimes B_{1u} = B_{1u}, f = z$　可以偶极跃迁;

$A_g \to B_{3u}, A_g \otimes B_{3u} = B_{3u}, f = x$　可以偶极跃迁;

$A_g \to B_{1g}, A_g \otimes B_{1g} = B_{1g}, f = R_z, xy$　无 x, y, z 偶极跃迁禁阻,可以电四级跃迁,可以磁偶极跃迁.

3.15　由笛卡儿坐标得到对称坐标

本节以 C_{2v} 的 H_2O 为例,将笛卡儿坐标转换为对称坐标. 其中,H_2O 在 yz 平面上,并设 $x \perp yz$. 对称坐标和笛卡儿坐标的平行关系为 $\xi // x, \eta // y, \zeta // z$. 其氧原子固定在原点,即对称坐标为 $O(\xi_2, \eta_2, \zeta_2)$,而氢原子的对称坐标分别为 $H_1(\xi_1, \eta_1, \zeta_1)$ 和 $H_3(\xi_3, \eta_3, \zeta_3)$. 设$(\xi_1, \eta_1, \zeta_1)$,$(\xi_2, \eta_2, \zeta_2)$和$(\xi_3, \eta_3, \zeta_3)$在 C_{2v} 的对称操作下变换,如图 3.6 所示.

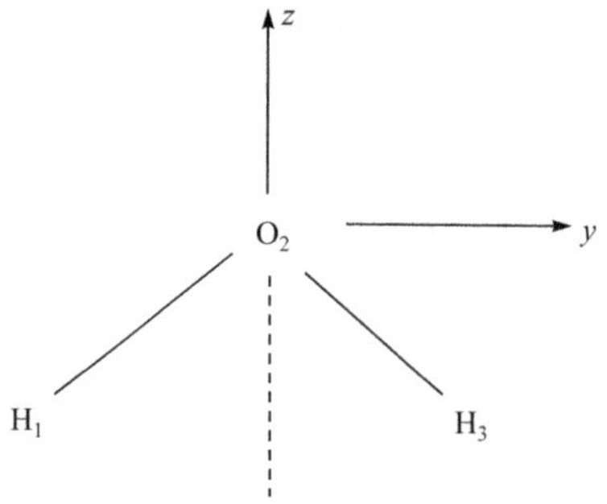

图 3.7

	E	C_2	$\sigma_v(xz)$	$\sigma_v'(yz)$	SBF
$A_1(a_1)$	1	1	1	1	z, x^2, y^2, z^2
$A_2(a_2)$	1	1	−1	−1	xy
$B_1(b_1)$	1	−1	1	−1	x, xz
$B_2(b_2)$	1	−1	−1	1	y, yz

	E	C_2	$\sigma_v(xz)$	$\sigma_v'(yz)$	对称坐标
A_1	1	1	1	1	$\eta_1-\eta_3,\zeta_1+\zeta_3,\zeta_2$
ξ_1	ξ_1	$-\xi_3$	ξ_3	$-\xi_1$	0
η_1	η_1	$-\eta_3$	$-\eta_3$	η_1	$\eta_1-\eta_3$
ζ_1	ζ_1	ζ_3	ζ_3	ζ_1	$\zeta_1+\zeta_3$
ξ_2	ξ_2	$-\xi_2$	ξ_2	$-\xi_2$	0
η_2	η_2	$-\eta_2$	$-\eta_2$	η_2	0
ζ_2	ζ_2	ζ_2	ζ_2	ζ_2	ζ_2
ξ_3	ξ_3	$-\xi_1$	ξ_3	$-\xi_3$	$\xi_1+\xi_3$
η_3	η_3	$-\eta_1$	$-\eta_1$	η_3	0
ζ_3	ζ_3	ζ_1	ζ_1	ζ_3	$\zeta_1+\zeta_3$
A_2	1	1	-1	-1	$\xi_1-\xi_3$
ξ_1	ξ_1	$-\xi_3$	$-\xi_3$	ξ_1	$\xi_1-\xi_3$
η_1	η_1	$-\eta_3$	η_3	$-\eta_1$	
ζ_1	ζ_1	ζ_3	$-\zeta_3$	$-\zeta_1$	
ξ_2	ξ_2	$-\xi_2$	$-\xi_2$	ξ_2	
η_2	η_2	$-\eta_2$	η_2	$-\eta_2$	
ζ_2	ζ_2	ζ_2	$-\zeta_2$	$-\zeta_2$	
ξ_3	ξ_3	$-\xi_1$	$-\xi_3$	ξ_3	
η_3	η_3	$-\eta_1$	η_1	$-\eta_3$	
ζ_3	ζ_3	ζ_1	$-\zeta_1$	$-\zeta_3$	
B_1	1	-1	1	-1	$\xi_1+\xi_3,\xi_2$
ξ_1	ξ_1	ξ_3	ξ_3	ξ_1	$\xi_1+\xi_3$
η_1	η_1	η_3	$-\eta_3$	$-\eta_1$	
ζ_1	ζ_1	$-\zeta_3$	ζ_3	$-\zeta_1$	
ξ_2	ξ_2	ξ_2	ξ_2	ξ_2	ξ_2
η_2	η_2	η_2	$-\eta_2$	$-\eta_2$	
ζ_2	ζ_2	$-\zeta_2$	ζ_2	$-\zeta_2$	
ξ_3	ξ_3	ξ_1	ξ_1	ξ_3	$\zeta_1+\zeta_3$
η_3	η_3	η_1	$-\eta_1$	$-\eta_3$	
ζ_3	ζ_3	$-\zeta_1$	ζ_1	$-\zeta_3$	
B_2	1	-1	-1	1	$\eta_1+\eta_3,\eta_2,\zeta_1-\zeta_3$
ξ_1	ξ_1	ξ_3	$-\xi_3$	$-\xi_1$	
η_1	η_1	η_3	η_1	η_1	$\eta_1+\eta_3$
ζ_1	ζ_1	$-\zeta_3$	$-\zeta_3$	ζ_1	$\zeta_1-\zeta_3$
ξ_2	ξ_2	ξ_2	$-\xi_2$	$-\xi_2$	
η_2	η_2	η_2	η_2	η_2	η_2
ζ_2	ζ_2	$-\zeta_2$	$-\zeta_2$	ζ_2	
ξ_3	ξ_3	ξ_1	$-\xi_1$	$-\xi_3$	
η_3	η_3	η_1	η_1	η_3	$\eta_1+\eta_3$
ζ_3	ζ_3	$-\zeta_1$	$-\zeta_1$	ζ_3	

将上述笛卡儿坐标转换为对称坐标总结如下：

	H_2O 的对称坐标总结
A_1	$\eta_1-\eta_3, \zeta_1+\zeta_3, \zeta_2$
A_2	$\xi_1-\xi_3$
B_1	$\xi_1+\xi_3, \xi_2$
B_2	$\eta_1+\eta_3, \eta_2, \zeta_1-\zeta_3$

从对称坐标来看，A_1 的子空间为三维，而从 C_{2v} 特征标表，已知平动 $T_z\subset A_1$，则还有两个振动 $Q_1, Q_2\subset A_1$. 而 A_2 的子空间是一维的，已有转动 $R_z\subset A_2$，所以无振动属于 A_2. 同样，B_1 的子空间为二维，已有 $T_x, R_y\subset B_1$. B_2 的子空间为三维，已有 $T_y, R_x\subset B_2$，则还有一个振动 $Q_3\subset B_2$.

以下为三个振动的表述：

$$Q_1(A_1)=-k_{11}(\eta_1-\eta_3)-k_{12}(\zeta_1+\zeta_3)+k_{13}\zeta_2$$

$$Q_2(A_1)=-k_{21}(\eta_1-\eta_3)+k_{22}(\zeta_1+\zeta_3)-k_{23}\zeta_2$$

$$Q_3(B_2)=-k_{31}(\eta_1+\eta_3)+k_{32}\eta_2-k_{33}(\zeta_1-\zeta_3)$$

系数 k_{ij} 与振动的核质量、力常数及其耦合常数有关，它们由本征问题的解而得到. Q_1 是纯的对称伸缩振动，Q_2 是纯的对称角变形振动，Q_3 是反对称伸缩振动. 显然，对于所有弯曲的 A_2B 型分子属于 C_{2v}，都是正确的.

3.16 群论的应用

1. 基态电偶极矩

在量子力学中，电偶极矩是算符 $\mu=er$ 的期望值，即

$$\langle\mu\rangle=\iiint\psi_0^* er\psi_0\,\mathrm{d}x\mathrm{d}y\mathrm{d}z$$

这里，ψ_0 表示基态，设 ψ_0 是全对称的. 算符 $\mu=er$ 可分解为三个分量，即 $\mu_x=ex$，$\mu_y=ey$，$\mu_z=ez$，它们的变换分别与 x, y, z 相同，可以得出结论：只要 x, y, z 中的一个函数是分子对称群的全对称表示，则有非零的电偶极矩. 在 C_1 群中，μ 有任意方向；在 C_s 群中，μ 在 xy 平面上；在 $C_n, C_{nv}(n\geqslant 2), C_{\infty v}$ 中，μ 与 z 轴符合；在其他群中，基态电偶极矩 μ 为零 . 例如，对于对-2 氟苯，电偶极矩为零，是 D_{2h} 群；而 o-或 隣或间二氟苯，有电偶极矩，则是 C_{2v} 群或对称性更低.

2. 极化率

外电场 E 导致感生电偶极矩

$$\mu^{(i)}=\alpha E$$

其中，α 代表极化二阶张量，即

$$\alpha=\begin{pmatrix}\alpha_{xx} & \alpha_{xy} & \alpha_{xz}\\ \alpha_{yx} & \alpha_{yy} & \alpha_{yz}\\ \alpha_{zx} & \alpha_{zy} & \alpha_{zz}\end{pmatrix}$$

为对称矩阵. α_{xx} 的变换像 x^2 一样，α_{xy} 的变换像 xy 一样，等等.

对 α 进行酉变换，得到

$$\alpha'=\begin{pmatrix}\alpha'_{xx} & 0 & 0\\ 0 & \alpha'_{yy} & 0\\ 0 & 0 & \alpha'_{zz}\end{pmatrix}$$

式中，α'_{xx}，α'_{yy}，α'_{zz} 是主轴矩阵元，称为极化率椭球(polarizability ellipsoid). 对于完全各向异性分子，$\alpha'_{xx}\neq\alpha'_{yy}\neq\alpha'_{zz}$，如主轴的转动群，$C_n$，$n\leqslant 2$，$C_{2v}$；对于完全各向同性分子，$\alpha'_{xx}=\alpha'_{yy}=\alpha'_{zz}$，这时，极化率椭球简并为球行，对称群多于一个 C_n，而 $n>2$(如群 T，T_d，O，O_h)；如 $\alpha'_{xx}=\alpha'_{yy}\neq\alpha'_{zz}$，则极化率椭球为扁的或扁长的，若 $\alpha'_{xx}=\alpha'_{yy}>\alpha'_{zz}$，如苯分子，$C_6H_6\subset D_{6h}$ 或 $\alpha'_{xx}=\alpha'_{yy}<\alpha'_{zz}$，如 $C_{\infty v}$，$D_{\infty h}$ 分子.

极化率椭球在极化率指数或拉曼光谱方面都很重要.

3. 红外光谱

由电偶极近似代表，定义为

$$R_{mn}=\int\psi_n^* R\psi_m\,\mathrm{d}\tau$$

其中，$R=x+y+z$，代入分量的积分，则有

$$|R_{mn}|^2=|X_{mn}|^2+|Y_{mn}|^2+|Z_{mn}|^2$$

若要跃迁 $\psi_m\rightarrow\psi_n$ 为非零几率，至少被积函数 $\psi_n^* x\psi_m$，$\psi_n^* y\psi_m$，$\psi_n^* z\psi_m$ 中的一个属全对称表示，若如此，则此跃迁是对称容许的.

4. 拉曼光谱

上述吸收光谱，只要 $E_1-E_0=h\nu$，即可成立. 但是，无辐射光谱是散射光谱. 当无辐射光谱的能量远大于分子的振动能级 $h\nu_k$，又远小于吸收能级 E_1-E_0，即 $h\nu_k\ll h\nu\ll E_1-E_0$，除了初始频率之外，还有频率 $\nu-\nu_k$ 和 $\nu+\nu_k$ 出现. 由含时微扰理论，两种拉曼跃迁几率比例于积分

$$\int\psi_n^* R\cdot R\psi_m\,\mathrm{d}\tau$$

的平方，其中 ψ_m 和 ψ_n 分别代表初态和末态. 径向向量的张量积 $R\cdot R$ 与几率张量的变化相同

$$R \cdot R=\begin{Bmatrix} x^2 & xy & xz \\ yx & y^2 & yz \\ zx & zy & z^2 \end{Bmatrix}$$

比较红外与拉曼几率,前者比例于固有偶极矩,后者比例于诱导偶极矩. 由下式可看到,只要直积

$$\Gamma(\psi_m)\otimes\Gamma(\xi_i\xi_j)\otimes\Gamma(\psi_n)$$

是全对称的或含全对称表示,则拉曼跃迁是对称许可的. C_{2v}的特征标的每个不可约表示至少含一个这种项. 因此,C_{2v}分子的拉曼谱含所有振动的基频.

对于 $D_{\infty h}$,全对称表示 Σ_g^+ 有两项,即 x^2+y^2,z^2,因而属于 Σ_g^+ 的 CO_2 的对称伸缩振动基频拉曼谱跃迁是对称许可的,但红外光谱不存在.

第 4 章　置　换　群

4.1　置　　换

1. 对称可分为两类

(1) 外部(几何)对称(external symmetry). 例如,

$$F_{ij}=\left(\frac{\partial^2\phi}{\partial x\partial y}\right)=\left(\frac{\partial^2\phi}{\partial y\partial x}\right)$$

三维系统,如点群,SO(3)群,洛伦兹群(Lorentz group),齐次洛伦兹群(homogeneous Lorentz group).

$$(x,y,z,t),\quad x^{\mu}\rightarrow x^{\mu'}=\sum_{m=1}^{3}d_m^{\mu}x^m$$

四维系统,如庞加莱群(Poincare group),非齐次洛伦兹群 (inhomogeneous Lorentz group)

$$4\text{-}D(x,y,z,t),\quad x^{\mu}\rightarrow x^{\mu'}=\sum_{m=1}^{3}d_m^{\mu}x^m+t^{\mu}$$

(2) 内部(物理)对称(internal symmetry).

如置换等同粒子系统的等同粒子的置换(permutation)群;简并对称性群,又称为动力学群;同位旋(isospin).

2. 定义

有限集 M 的 1-对-1 的映射称为置换,即一种特殊的映射.

(1) 对于有限集 $M=(123\cdots n)$,可定义置换 $\hat{P}$ 为

$$\hat{P}=\begin{pmatrix}1 & 2 & 3 & \cdots & n\\ a_1 & a_2 & a_3 & \cdots & a_n\end{pmatrix}\quad\begin{matrix}\text{源}\\ \text{像}\end{matrix}$$

若 $a_1a_2a_3\cdots a_n=123\cdots n$,即

$$\hat{P}=\begin{pmatrix}1 & 2 & 3 & \cdots & n\\ 1 & 2 & 3 & \cdots & n\end{pmatrix}=\hat{E}$$

这是单位置换(identity),而 $a_1a_2a_3\cdots a_n$ 是 $123\cdots n$ 的阶乘 $n!$ 中的一个.

(2) 1-对-1 的映射. 其中每个元 n 都是像,并且只有一个源.

(3) 若 M 是有限集,$\hat{P}$ 称为置换;若 M 为无限集,$\hat{P}$ 称为变换.

3. 两个置换的积

设 $M=(1234)$，而两个置换分别为

$$\hat{\Pi}=\begin{pmatrix}1234\\3124\end{pmatrix} \quad 和 \quad \hat{T}=\begin{pmatrix}1234\\2341\end{pmatrix}$$

则两个置换的积

$$\hat{\Pi}\hat{T}=\begin{pmatrix}1234\\3124\end{pmatrix}\begin{pmatrix}1234\\2341\end{pmatrix}=\begin{pmatrix}2341\\1243\end{pmatrix}\begin{pmatrix}1234\\2341\end{pmatrix}=\begin{pmatrix}1234\\1243\end{pmatrix}$$

$$\hat{T}\hat{\Pi}=\begin{pmatrix}1234\\2341\end{pmatrix}\begin{pmatrix}1234\\3124\end{pmatrix}=\begin{pmatrix}3124\\4231\end{pmatrix}\begin{pmatrix}1234\\3124\end{pmatrix}=\begin{pmatrix}1234\\4231\end{pmatrix}$$

两个置换是不对易的，即

$$\hat{T}\hat{\Pi}\neq\hat{\Pi}\hat{T}$$

4. 循环(cycle)

若一置换循环地交换 m 个元素，则称为 m 级循环. 例如，四级循环

$$\begin{pmatrix}1234\\2341\end{pmatrix}=(1234)$$

亦有

$$\begin{pmatrix}1 & 2 & 3 & \cdots & m-1 & m\\2 & 3 & 4 & \cdots & m & 1\end{pmatrix}=(123\cdots m) \quad 或 \quad \begin{pmatrix}12\\21\end{pmatrix}=(12)$$

二级循环又称为对换(transposition).

5. 定理

任何循环可展开为某些对换之积，即

$$\begin{pmatrix}1 & 2 & 3 & \cdots & m-1 & m\\2 & 3 & 4 & \cdots & m & 1\end{pmatrix}=(1\quad 2\quad 3\quad \cdots\quad m)=(1m)(1m-1)(1m-2)\cdots(13)(12)$$

例如，对换为

$$(1m)=\begin{pmatrix}1 & m\\m & 1\end{pmatrix}$$

应用归纳法，首先，当 $n=2$ 时，显然是正确的，因为 $(12)=(12)$，$(1m)=(1m)$. 因此，有

$$(1\quad 2\quad 3\quad \cdots\quad m)=(1m)(1\quad 2\quad 3\quad \cdots\quad m-1)=\begin{pmatrix}1 & m\\m & 1\end{pmatrix}\begin{pmatrix}1 & 2 & 3 & \cdots & m-1\\2 & 3 & 4 & \cdots & 1\end{pmatrix}$$

$$=\begin{pmatrix}1 & 2 & 3 & \cdots & m-1 & m\\m & 2 & 3 & \cdots & m-1 & 1\end{pmatrix}\begin{pmatrix}1 & 2 & 3 & \cdots & m-1 & m\\2 & 3 & 4 & \cdots & 1 & m\end{pmatrix}$$

$$=\begin{pmatrix}1 & 2 & 3 & \cdots & m-1 & m\\ 2 & 3 & 4 & \cdots & m & 1\end{pmatrix}=(1\quad 2\quad 3\quad \cdots\quad m\quad)$$

即下式正确

$$(1\quad 2\quad 3\quad \cdots\quad m)=(1\quad m)(1\quad 2\quad 3\quad \cdots\quad m-1)$$

由上式可进一步得到

$$\begin{aligned}(1\quad 2\quad 3\quad \cdots\quad m)&=(1\quad m)(1\quad 2\quad 3\quad \cdots\quad m-1)\\ &=(1\quad m)(1\quad m-1)(1\quad 2\quad 3\quad \cdots\quad m-2)\\ &=(1\quad m)(1\quad m-1)(1 m-2)\cdots(13)(12)\end{aligned}$$

6. 定理

任何置换可展开为某些对换之积. 若对换的个数为偶数或奇数,则给定的置换则分别为偶置换或奇置换.

(1) 例如

$$\begin{pmatrix}1 & 2 & 3\\ 2 & 3 & 1\end{pmatrix}=(1\quad 2\quad 3)=(1\quad 3)(1\quad 2)$$,偶置换 $\hat{P}_E$

$$\begin{pmatrix}1 & 2 & 3\\ 1 & 3 & 2\end{pmatrix}=(1)(2\quad 3)$$,奇置换 $\hat{P}_O$

(2) 集合 $M(1\quad 2\quad \cdots\quad n)$的差积定义为

$$\begin{aligned}\Delta=\prod_{i<j}(i-j)=(1-2)\,&(1-3)(1-4)\cdots(1-n)\\ &(2-3)(2-4)\cdots(2-n)\\ &\cdots\\ &\qquad\qquad (n-1,n)\end{aligned}$$

例如,$M(1\quad 2\quad 3)$,则差积为

$$\Delta=\prod_{i<j}(i-j)=(1-2)(1-3)(2-3)$$

(3) 当

$$\hat{P}\Delta=(-1)^p\Delta,\quad \begin{cases}p=\text{偶数},\hat{P}_E\\ p=\text{奇数},\hat{P}_O\end{cases}$$

当 $M(1\quad 2\quad 3)$时,有 3! 个置换,如

$$\hat{P}_1=\begin{pmatrix}1 & 2 & 3\\ 1 & 3 & 2\end{pmatrix},\quad \hat{P}_2=\begin{pmatrix}1 & 2 & 3\\ 2 & 3 & 1\end{pmatrix}\hat{P}_1=\begin{pmatrix}1 & 2 & 3\\ 3 & 2 & 1\end{pmatrix}$$

试用上述方法了解其奇偶性.

$$\begin{aligned}\hat{P}_1\Delta&=\begin{pmatrix}1 & 2 & 3\\ 1 & 3 & 2\end{pmatrix}(1-2)(1-3)(2-3)=(1-3)(1-2)(3-2)\\ &=-(1-2)(1-3)(2-3)=(-1)^p\Delta,\quad p=1,\quad \hat{P}_1=\hat{P}_O\end{aligned}$$

$$\hat{P}_2\Delta=\begin{pmatrix}1&2&3\\2&3&1\end{pmatrix}(1-2)(1-3)(2-3)=(2-3)(2-1)(3-1)$$
$$=-(1-2)(1-3)(2-3)=(-1)^p\Delta,\quad p=2,\quad \hat{P}_2=\hat{P}_E$$
$$\hat{P}_3\Delta=\begin{pmatrix}1&2&3\\3&2&1\end{pmatrix}(1-2)(1-3)(2-3)=(3-2)(3-1)(2-1)$$
$$=-(1-2)(1-3)(2-3)=(-1)^p\Delta,\quad p=3,\quad \hat{P}_3=\hat{P}_O$$

4.2　置换群的应用举例

1. 置换群

(1) 作用在有限集 $M=(123\cdots n)$上的置换的集合 $S_n(\hat{P}_1\hat{P}_2\cdots\hat{P}_{n!})$是阶为 $g=n!$ 的 n 级置换群.

(2) 子集 $S_m(\hat{P}_1\hat{P}_2\cdots\hat{P}_m)$，$m<n!$ 是 S_n 的子群.

(3) S_n 的子集($\hat{P}_E$)称为交代群，而 S_n 的子集($\hat{P}_O$)则不是群.

2. 若集合为 $M=(123\cdots\infty)$，其置换的集($\hat{P}_1\hat{P}_2\cdots\hat{P}_\infty$)称为对称群

3. 应用(一)——等同核的置换

图 4.1 是氨分子(NH_3)的投影，其中有三个等同的氢原子，它分别用 1,2,3 表示，当它们绕主轴 C_3 转动120°或240°或360°，相当于氢原子处在不同的位置 1′,2′,3′时，显然系统是不可区分的，即这些变化都是对称的，因而称为等同核的置换. 也即对于有限集 $M=(123)$，可定义置换 $\hat{P}$ 为

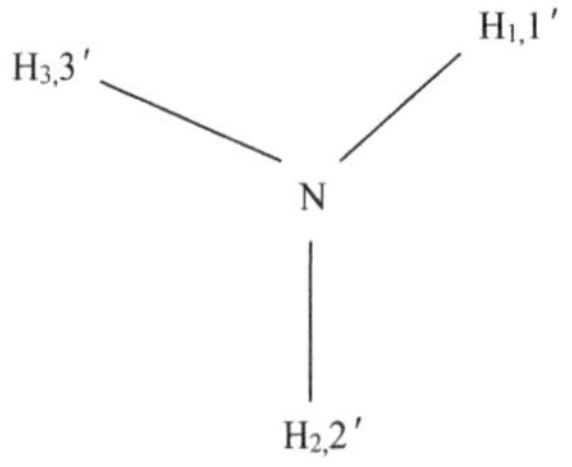

图 4.1

$$\hat{P}=\begin{pmatrix}1&2&3\\1'&2'&3'\end{pmatrix}\begin{matrix}\text{源}\\\text{像}\end{matrix}$$

这时，如果去掉表示位置 1′,2′,3′的撇号，则有

$$\hat{P}=\begin{pmatrix}1&2&3\\1&2&3\end{pmatrix}\begin{matrix}\text{源}\\\text{像}\end{matrix}$$

即当为 $M(1\quad 2\quad 3)$时，有 3! 个置换，即有 6 个置换的集，它是一 S_3 置换群；同时，氨分子的点群是 C_{3v}. S_3 和 C_{3v}是同构的：

C_{3v}	S_3
E	$\begin{pmatrix}1&2&3\\1&2&3\end{pmatrix}=\begin{pmatrix}1&2&3\\1'&2'&3'\end{pmatrix}$

C_3 $\begin{pmatrix}1 & 2 & 3\\2 & 3 & 1\end{pmatrix}=\begin{pmatrix}1 & 2 & 3\\2' & 3' & 1'\end{pmatrix}$

C_3^2 $\begin{pmatrix}1 & 2 & 3\\3 & 1 & 2\end{pmatrix}$

σ_{v1} $\begin{pmatrix}1 & 2 & 3\\1 & 3 & 2\end{pmatrix}$

σ_{v2} $\begin{pmatrix}1 & 2 & 3\\3 & 2 & 1\end{pmatrix}$

σ_{v3} $\begin{pmatrix}1 & 2 & 3\\3 & 2 & 1\end{pmatrix}$

可以证明 $C_{3v}\cong S_3$.

4. 应用(二)——等同电子的置换

在原子电子的非相对论组态表示中,有主量子数 $n=1,2,3,\cdots,n$,角量子数 $l=0,1,2,3,\cdots,(n-1)$,磁量子数 $m=0,\pm1,\cdots,\pm l$,自旋量子数 $m_s=\pm\frac{1}{2}$. 按泡利原理,在同一原子中不可能有四个量子数,即主量子数、角量子数、磁量子数和自旋量子数完全相同的电子. 然而,对于锂原子(Li),其有三个电子,在不违背按泡利原理的情况下,其可分布于任何电子组态 $1s^2,2s^2,2p^6,3s^2,3p^6,\cdots$之中,例如,可为 $1s^22s^1$,也可为 $1s^22p^1$;但是由于电子的等同性,这些电子分布在任何组态上都是不可区分的,即这些变化都是对称的,因而是等同电子的置换. 可用 1,2,3 表示电子的编号,同样用 $1',2',3'$或 1,2,3 表示其态,这个态是 $\phi_{i\alpha}$ 或 $\phi_{i\beta}$,即有

$$F=S_1(1)S_2(2)S_3(3)$$

其中,括号内为电子的编号,而下角标为态的编号. 即当集合为 $M(1\quad 2\quad 3)$时,有 3! 个置换,即有 6 个置换的集,它是一 S_3 置换群,其置换为

$$\hat{P}_1=\begin{pmatrix}1 & 2 & 3\\1 & 2 & 3\end{pmatrix},\quad \hat{P}_2=\begin{pmatrix}1 & 2 & 3\\2 & 1 & 3\end{pmatrix},\quad \hat{P}_3=\begin{pmatrix}1 & 2 & 3\\3 & 2 & 1\end{pmatrix}$$

$$\hat{P}_4=\begin{pmatrix}1 & 2 & 3\\1 & 3 & 2\end{pmatrix},\quad \hat{P}_5=\begin{pmatrix}1 & 2 & 3\\2 & 3 & 1\end{pmatrix},\quad \hat{P}_6=\begin{pmatrix}1 & 2 & 3\\3 & 1 & 2\end{pmatrix}$$

$$\hat{P}_1F=\begin{pmatrix}123\\123\end{pmatrix}S_1(1)S_2(2)S_3(3)=S_1(1)S_2(2)S_3(3)$$

$$\hat{P}_2F=\begin{pmatrix}123\\213\end{pmatrix}S_1(1)S_2(2)S_3(3)=S_2(1)S_1(2)S_3(3)$$

$$\hat{P}_3F=\begin{pmatrix}123\\321\end{pmatrix}S_1(1)S_2(2)S_3(3)=S_3(1)S_2(2)S_1(3)$$

$$\hat{P}_4F=\begin{pmatrix}123\\132\end{pmatrix}S_1(1)S_2(2)S_3(3)=S_1(1)S_3(2)S_2(3)$$

$$\hat{P}_5F=\begin{pmatrix}123\\231\end{pmatrix}S_1(1)S_2(2)S_3(3)=S_2(1)S_3(2)S_1(3)$$

$$\hat{P}_6F=\begin{pmatrix}123\\312\end{pmatrix}S_1(1)S_2(2)S_3(3)=S_3(1)S_1(2)S_2(3)$$

由于电子的等同性，仅取其中 1 种乘积波函数是不合理的，而要取这 6 种乘积波函数的线性组合才是合理的，可用行列式表示

$$\begin{aligned}\psi&=\begin{vmatrix}S_1(1)&S_2(1)&S_3(1)\\S_1(2)&S_2(2)&S_3(2)\\S_1(3)&S_2(3)&S_3(3)\end{vmatrix}\\&=S_1(1)S_2(2)S_3(3)-S_1(1)S_3(2)S_2(3)-S_2(1)S_1(2)S_3(3)\\&\quad+S_2(1)S_3(2)S_1(3)+S_3(1)S_1(2)S_2(3)-S_3(1)S_2(2)S_1(3)\\&=\left\{\begin{pmatrix}123\\123\end{pmatrix}-\begin{pmatrix}123\\132\end{pmatrix}-\begin{pmatrix}123\\213\end{pmatrix}+\begin{pmatrix}123\\231\end{pmatrix}+\begin{pmatrix}123\\312\end{pmatrix}-\begin{pmatrix}123\\321\end{pmatrix}\right\}S_1(1)S_2(2)S_3(3)\end{aligned}$$

$$\psi=\sum(-1)^p\hat{P}S_1(1)S_2(2)S_3(3)=\sum(-1)^p\hat{P}\Phi$$

$$\Psi=\frac{1}{\sqrt{3!}}\sum(-1)^p\hat{P}\Phi$$

5. 反对称化算符(the antisymmetry operator)

N 个电子的反对称化算符定义为

$$\hat{\mathfrak{R}}=\frac{1}{\sqrt{N!}}\sum(-1)^p\hat{P}$$

因而

$$\Psi=\hat{\mathfrak{R}}\Phi$$

而其中有

$$\sum(-1)^p\hat{P}=E-\sum_{i,j}\hat{P}_{ij}+\sum_{i,j,k}\hat{P}_{ijk}+\cdots$$

这时，第一项为单位算符，第二项为含一个对换的和，第三项为含两个对换的和，等等.

6. 某些定理

(1) $\hat{P}^{+}=\hat{P}^{-1}$,即 $\hat{P}$ 为酉算符(unitary operator).通过以下过程可加以证明.

$$\begin{array}{ccc}\langle\hat{P}\Phi_1(\tau)\,|\,\Phi_2(\tau)\rangle & = & \langle\Phi_1(\tau)\,|\,\hat{P}^{+}\Phi_2(\tau)\rangle \\ \| & & \| \\ \langle\Phi_1(\tau')\,|\,\Phi_2(\tau)\rangle & = & \langle\Phi_1(\tau')\,|\,\hat{P}^{-1}\Phi_2(\tau')\rangle\end{array}$$

式中,τ,τ'为哑变量.因此,$\hat{P}^{+}=\hat{P}^{-1}$.

(2) $\hat{\mathfrak{R}}^{+}=\hat{\mathfrak{R}}$,即为$\hat{\mathfrak{R}}$为厄米算符.因为

$$\hat{\mathfrak{R}}^{+}=\frac{1}{\sqrt{N!}}\sum(-1)^{p}\hat{P}^{+}=\frac{1}{\sqrt{N!}}\sum(-1)^{p}\hat{P}^{-1}=\frac{1}{\sqrt{N!}}\sum(-1)^{p}\hat{P}=\hat{\mathfrak{R}}$$

(3) $\hat{\mathfrak{R}}^{2}=(N!)^{\frac{1}{2}}\hat{\mathfrak{R}}$,这时$\hat{\mathfrak{R}}$为投影算符,因为投影算符是幂等的(idempotent),如投影算符满足 $\hat{O}^{n}=\hat{O}^{2}=\hat{O}$. $\hat{\mathfrak{R}}$称为赝投影算符(pseudo-projection operator).

(4) $[\hat{H},\hat{\mathfrak{R}}]=0,[\hat{g},\hat{\mathfrak{R}}]=0$,$\hat{H},\hat{g}$ 是对称算符.

(5) $\langle H\rangle_{\mathrm{av}}=\sum(-1)^{p}\langle\Phi|\hat{H}\big|\hat{P}\Phi\rangle=2\sum\limits_{i=1}^{N}\in_{i}^{(0)}+\sum\limits_{i,j}^{N}(2J_{ij}-K_{ij})$.

4.3 置换群的类

1. 定理

一置换可分解成不相交的循环的积,除了这些循环因子是相互对易的之外,而其分解是唯一的.

例如,

$$\hat{\Pi}=\begin{pmatrix}12345678\\45617823\end{pmatrix}=(14)(257)(368)$$

$$\hat{T}=\begin{pmatrix}1234567\\2136574\end{pmatrix}=(12)(3)(467)(5)$$

$$\hat{G}=\begin{pmatrix}1234567\\2451367\end{pmatrix}=(124)(35)(6)(7)$$

2. 置换的循环结构可定义为

$$(\nu)=(1^{\nu_1}2^{\nu_2}\cdots m^{\nu_m})$$

其中,$1,2,\cdots,m$ 是循环的级数;$\nu_1,\nu_2,\cdots,\nu_m$ 是循环的个数.例如,以上置换的循环

结构为

$$\hat{\Pi}(\nu)=(2^1 3^2),\quad \hat{T}(\nu)=(1^2 2^1 3^1),\quad \hat{G}(\nu)=(1^2 2^1 3^1)$$

因为置换 $\hat{T}(\nu)$和 $\hat{G}(\nu)$的循环结构相同,所以它们属于同类.

3. 定理

同类置换有相同的循环结构.

证明 若 $\hat{P},\hat{Q},\hat{T}\in S_n$,且 $\hat{Q}=\hat{T}\hat{P}\hat{T}^{-1}$,显然 $\hat{Q}$ 和 $\hat{P}$ 是属于同类,则 $\hat{Q}$ 和 $\hat{P}$ 有相同的循环结构.

设 $\hat{P}$ 的循环结构为

$$\hat{P}(\nu)=(1^{\nu_1} 2^{\nu_2} \cdots m^{\nu_m})$$

显然,$\hat{P}$ 可分解成 r 个不相交的循环的积

$$\hat{P}=\hat{C}_1\hat{C}_2\cdots\hat{C}_r$$

则 $r=\nu_1+\nu_2+\cdots+\nu_m$ 和 $n=1\nu_1+2\nu_2+\cdots+m\nu_m$,可有

$$\begin{aligned}\hat{Q}&=\hat{T}\hat{P}\hat{T}^{-1}=\hat{T}\hat{C}_1\hat{C}_2\cdots\hat{C}_r\hat{P}\hat{T}^{-1}=\hat{T}\hat{C}_1\hat{T}^{-1}\hat{T}\hat{C}_2\hat{T}^{-1}\hat{T}\hat{C}_3\cdots\hat{T}\hat{C}_r\hat{T}^{-1}\\&=\hat{C}_1'\hat{C}_2'\cdots\hat{C}_r'\end{aligned}$$

因为 $\hat{T}$ 是 1-对-1 的映射(即一种特殊的映射,又称为置换),所以,$\hat{C}_i'$均是不相交的,即 $\hat{C}_i'=\hat{T}\hat{C}_i\hat{T}^{-1}$也是不相交的,$\hat{C}_i'$的级数与 $\hat{C}_i$ 相同. 因而 $\hat{Q}$ 和 $\hat{P}$ 有相同的模型,即有相同的循环结构,即有

$$\hat{P}(\nu)=\hat{Q}(\nu)=(1^{\nu_1} 2^{\nu_2} \cdots m^{\nu_m})$$

习题 4.1 证明若 n 级置换是包含 r 个不相交的循环的积,当 $n-r$ 是偶数或奇数时,这个置换将是偶置换或奇置换.

证明 设有 $\hat{P}(\nu)=(1^{\nu_1} 2^{\nu_2} \cdots m^{\nu_m})$. 这个置换可展开为某些对换的积,如

$$(1\quad 2\quad 3\quad \cdots\quad m)=(1m)=(1m)(1m-1)(1m-2)\cdots(13)(12)$$

即有 $m-1$ 个对换. 因而,对于 $\hat{P}(\nu)$有

$$r=\nu_1+\nu_2+\cdots+\nu_m \quad 和 \quad n=1\nu_1+2\nu_2+\cdots+m\nu_m$$

$\hat{P}(\nu)$的总的对换数为

$$\begin{aligned}N_T&=(1-1)\nu_1+(2-1)\nu_2+\cdots+(m-1)\nu_m\\&=(\nu_1+2\nu_2+\cdots+m\nu_m)-(\nu_1+\nu_2+\cdots+\nu_m)\\&=n-r\end{aligned}$$

因而,当 $N_T=n-r$ 是偶数或奇数时,这个置换将是偶置换或奇置换.

4. 柯西定理(Cauchy theorem)

设一置换 $\hat{P}(\nu)$的循环的结构为$(\nu)=(1^{\nu_1} 2^{\nu_2} \cdots m^{\nu_m})$,在 S_n 群中属于与 $\hat{P}(\nu)$共轭的置换数目等于

$$N(\hat{P})=\frac{n!}{(1^{\nu_1}\nu_1!)(2^{\nu_2}\nu_2!)\cdots(m^{\nu_m}\nu_m!)}$$

例如，对于 $S_4(\hat{P}_1\hat{P}_2\cdots\hat{P}_{24})$，共有以下五类

(1^4)	(4^1)	(2^2)	$(1^1 3^1)$	$(1^2 2^1)$
(1)(2)(3)(4)	(1234)	(13)(24)	(4)(123)	(1)(2)(34)
	(1324)			
1	6	3	8	6

例如

$$N[(1^1 3^1)]=\frac{4!}{(1^1 1!)(3^1 1!)}=\frac{24}{3}=8$$

式中，$1,2,\cdots,m$ 是循环的级数；$\nu_1,\nu_2,\cdots,\nu_m$ 是循环的个数. 例如，以上的循环的结构为

$$\hat{\Pi}(\nu)=(2^1 3^2),\quad \hat{T}(\nu)=(1^2 2^1 3^1),\quad \hat{G}(\nu)=(1^2 2^1 3^1)$$

因为置换 $\hat{T}(\nu)$ 和 $\hat{G}(\nu)$ 的循环结构相同，所以它们属于同类.

习题 4.2　写出 S_4 群的置换.

4.4　杨　　图

1. 杨图(Young diagram)和分类(partition)

前面已知，作用在有限集 $M=(123\cdots n)$ 上的置换的集合 $S_n(\hat{P}_1\hat{P}_2\cdots\hat{P}_{n!})$ 是阶为 $g=n!$ 的 n 级置换群，即 S_n 群，现在讨论这个群的类. 由于循环结构相同的置换属于同类，所以，讨论以下两点.

(1) 首先考虑循环的结构为 $\hat{P}(\nu)=(1^{\nu_1}2^{\nu_2}\cdots m^{\nu_m})$ 的类，用下面的杨图来描述

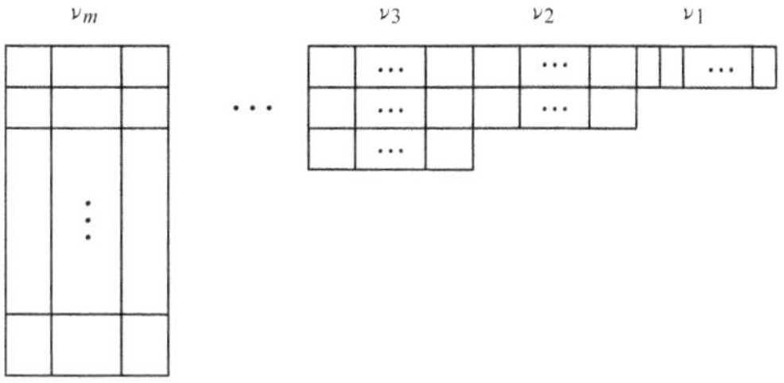

其中，一循环 1^{ν_1} 有 ν_1 个，在杨图用 ν_1 个单重格子表示，其中每个格子中有一个数子；二循环 2^{ν_2} 有 ν_2 个，在杨图用 ν_2 个双二格子表示，其中在每个双格子中的各个格子中均有一个数子；三循环 3^{ν_3} 有 ν_3 个三重格子，在杨图用 ν_3 个三重格子表示，其中每个三格子中的各个格子均有一个数子；等等. m 循环 m^{ν_m} 有 ν_m 个 m 重格子表示，在每个 m 重格子中各个格子均有一个数子. 这就是用杨图表示置换群的类，每个杨图表示一类. 根据此杨图，显然有

$$
\begin{aligned}
\nu_1+\nu_2+\nu_3+\cdots+\nu_{m-2}+\nu_{m-1}+\nu_m&=f_1\\
\nu_2+\nu_3+\cdots+\nu_{m-2}+\nu_{m-1}+\nu_m&=f_2\\
\cdots\cdots&\\
\nu_{m-2}+\nu_{m-1}+\nu_m&=f_{m-2}\\
\nu_{m-1}+\nu_m&=f_{m-1}\\
\nu_m&=f_m
\end{aligned}
$$

其中,第一行有 f_1 个格子,第二行有 f_2 个格子,…,第 $m-2$ 行有 f_{m-2}个格子,第 $m-1$行有 f_{m-1}个格子,第 m 行有 f_m 个格子. 显然有

$$\nu_1=f_1-f_2,\nu_2=f_2-f_3,\cdots,\nu_{m-2}=f_{m-2}-f_{m-1},\nu_{m-1}=f_{m-1}-f_m,\nu_m=f_m$$

因为 $\nu_1\nu_2\cdots\nu_m$ 均为正整数,所以有

$$f_1\geqslant f_2\geqslant f_3\cdots\geqslant f_{m-1}\geqslant f_m\geqslant 0$$

和

$$f_1+f_2+f_3+\cdots+f_{m-1}+f_m=n$$

(2) 分类(partition).

定义为

$$[f]=[f_1,f_2,f_3,\cdots,f_{m-1},f_m]$$

其中,$f_1,f_2,f_3,\cdots,f_{m-1},f_m$ 按减小的顺序分布,即第一行有 f_1 个格子,第二行有 f_2 个格子,…. 例如,S_4 群的循环的结构为$(\nu)=(1^2 2^1)$,其杨图为

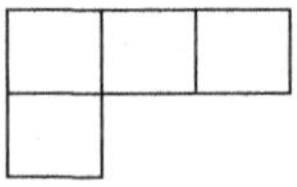

即分类为[3,1],第一行有 3 个格子,第二行有 1 个格子.

现将 S_4 群的部分循环的结构,杨图和分类列在下面

循环的结构	杨图	分类
$(\nu)=(1^2 2^1)$	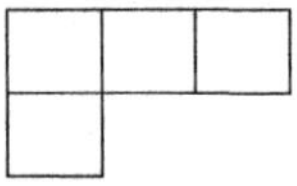	[3,1]
$(\nu)=(2^2)$	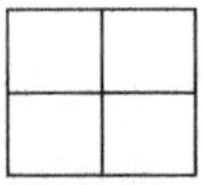	[2,2]
$(\nu)=(1^1 3^1)$	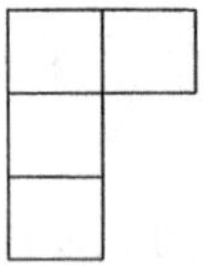	[2,1,1]

可以看到,S_n 群的循环的结构即代表群的类,进而与一定的杨图和分类相对应. 所以,分类$[f]=[f_1,f_2,f_3,\cdots,f_{m-1},f_m]$即可作为循环群的不可约表示. 在此基础

上讨论杨表.

2. 杨表(Young table)

(1) S_n 群的不可约表示.

S_n群	分类[f]	标准杨表(Yamanachi 符号)	不可约表示的维数
S_2	[2]	$\begin{array}{cc} 1 & 2 \end{array}$ (11)	1
	[1,1]	$\begin{array}{c} 1 \\ 2 \end{array}$ (21)	1
S_3	[3]	$\begin{array}{ccc} 1 & 2 & 3 \end{array}$ (111)	1
	[2,1]	$\begin{array}{cc} 1 & 2 \\ 3 & \end{array}$ (211) $\begin{array}{cc} 1 & 3 \\ 2 & \end{array}$ (121)	2
	[1,1,1]	$\begin{array}{c} 1 \\ 2 \\ 3 \end{array}$ (321)	1
S_4			
	[4]	$\begin{array}{cccc} 1 & 2 & 3 & 4 \end{array}$ (1111)	1
	[3,1]		3
		$\begin{array}{ccc} 1 & 2 & 3 \\ 4 & & \end{array}$ (2111)	

$$\begin{array}{|c|c|c|}\hline 1 & 2 & 4 \\ \hline 3 \\ \cline{1-1}\end{array}\quad (1211)$$

$$\begin{array}{|c|c|c|}\hline 1 & 3 & 4 \\ \hline 2 \\ \cline{1-1}\end{array}\quad (1121)$$

[2,2] 2

$$\begin{array}{|c|c|}\hline 1 & 2 \\ \hline 3 & 4 \\ \hline\end{array}\quad (2211)$$

$$\begin{array}{|c|c|}\hline 1 & 3 \\ \hline 2 & 4 \\ \hline\end{array}\quad (2121)$$

[2,1,1] 3

$$\begin{array}{|c|c|}\hline 1 & 2 \\ \hline 3 \\ \cline{1-1} 4 \\ \cline{1-1}\end{array}\ (3211)\quad \begin{array}{|c|c|}\hline 1 & 3 \\ \hline 2 \\ \cline{1-1} 4 \\ \cline{1-1}\end{array}\ (3121)\quad \begin{array}{|c|c|}\hline 1 & 4 \\ \hline 2 \\ \cline{1-1} 3 \\ \cline{1-1}\end{array}\ (1321)$$

[1,1,1,1] 1

$$\begin{array}{|c|}\hline 1 \\ \hline 2 \\ \hline 3 \\ \hline 4 \\ \hline\end{array}\quad (4321)$$

(2) 标准杨表.

作用在有限集 $M=(123\cdots n)$ 上的置换的集合 $S_n(\hat{P}_1\hat{P}_2\cdots\hat{P}_{n!})$，称为 $g=n!$ 阶 n 级的置换群 S_n，其中循环结构相同的置换属于同类，而同类循环结构可用杨图来表示，每个杨图与一定的分类相对应. 而在每个杨图中，填写数字使其按行和按列均表现为增加数字的序列，这称为标准杨表.

(3) 对偶(dual representation)表示.

若交换分类$[\tilde{f}]$的行和列而得到分类$[f]$,则$[f]$和$[\tilde{f}]$互称为对偶表示. 如[4]和[1,1,1,1]互称为对偶表示,因为有

和

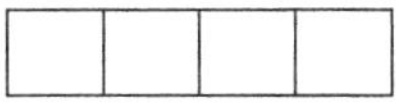

而[2,1,1]和[3,1]也是对偶表示,[2,2]是自对偶表示.

(4) 不可约表示的维数就等于标准杨表的个数.

(5) Yamanachi 符号(Y-符号)定义为$(\lambda_f\lambda_{f-1}\cdots)$.

3. 杨算符(Young operator)

(1) 对称化算符.

交换杨图中每行元素对换会使波函数 $\psi(12\cdots n)$对称化,即对

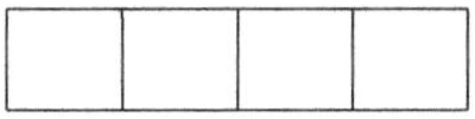

…

有 $\hat{P}_{ij}\psi=\psi$,因而 $\hat{S}=\sum\hat{P}$.

(2) 反对称化算符.

交换杨图中每列元素对换会使波函数 $\psi(12\cdots n)$反对称化,即有 $\hat{P}_{ij}\psi=-\psi$,因而对

⋮

有 $\hat{A}=\sum(-1)^r\hat{P}$.

(3) 杨算符. 定义为

$$\hat{Y}=\hat{A}\hat{S}=\left(\sum(-1)^r\hat{P}\right)\left(\sum\hat{P}\right)$$

例如,对 S_4 群的分类[2,1,1]有以下杨算符

1	2
3	
4	

$$\hat{Y}_1=[E-(13)-(14)-(34)+(134)+(143)][E+(12)]$$

1	3
2	
4	

$$\hat{Y}_2=[E-(12)-(14)-(24)+(124)+(142)][E+(13)]$$

1	4
2	
3	

$$\hat{Y}_3=[E-(12)-(13)-(23)+(123)+(132)][E+(14)]$$

(4) 杨算符是投影算符，它从某函数 Φ 中投影出给定对称性的函数. 设函数为

$$\Phi=S_1(1)S_2(2)S_3(3)S_4(4)$$

如 S_4 群的分类[2,1,1]第一个这称为标准杨表所对应的杨算符为 $\hat{Y}_1$，它可从 Φ 中投影出其称性的函数. 过程如下：

$$\hat{Y}_1\Phi=\hat{A}\hat{S}\Phi=[E-(13)-(14)-(34)+(134)+(143)][E+(12)]$$
$$S_1(1)S_2(2)S_3(3)S_4(4)=\hat{A}[S_1(1)S_2(2)S_3(3)S_4(4)]+\hat{A}[S_2(1)S_1(2)S_3(3)S_4]$$

式中

$$\begin{aligned}
&\hat{A}[S_1(1)S_2(2)S_3(3)S_4(4)]\\
=&[E-(13)-(14)-(34)+(134)+(143)][S_1(1)S_2(2)S_3(3)S_4(4)]\\
=&[S_1(1)S_2(2)S_3(3)S_4(4)]-[S_3(1)S_2(2)S_1(3)S_4(4)]-[S_4(1)S_2(2)S_3(3)S_1(4)]\\
&-[S_1(1)S_2(2)S_4(3)S_3(4)]+[S_3(1)S_2(2)S_4(3)S_1(4)]\\
&+[S_4(1)S_2(2)S_1(3)S_3(4)]
\end{aligned}$$

同理，可作出

$$\hat{A}[S_2(1)S_1(2)S_3(3)S_4(4)]$$

则得到总的 $\hat{Y}_1\Phi=\hat{A}\hat{S}\Phi$ 对称性的函数.

4.5　电子自旋函数的对称群

1. 电子自旋函数的 S_n 群的不可约表示

S_n	[f]	标准杨表	自旋 S
S_1	[1]	$\begin{array}{\|c\|}\hline 1 \\ \hline\end{array}$	1/2
S_2	[11]	$\begin{array}{\|c\|}\hline 1 \\ \hline 2 \\ \hline\end{array}\begin{array}{c} \alpha \\ \beta \end{array}$	0
	[2]	$\begin{array}{\|c\|c\|}\hline 1 & 2 \\ \hline\end{array}_{\alpha,\alpha}$	1
S_3	[21]	$\begin{array}{\|c\|c\|}\hline 1 & 2 \\ \hline 3 \\ \cline{1-1}\end{array}$　$\begin{array}{\|c\|c\|}\hline 1 & 3 \\ \hline 2 \\ \cline{1-1}\end{array}$	1/2
	[3]	$\begin{array}{\|c\|c\|c\|}\hline 1 & 2 & 3 \\ \hline\end{array}$	3/2
S_4	[22]	$\begin{array}{\|c\|c\|}\hline 1 & 2 \\ \hline 3 & 4 \\ \hline\end{array}$　$\begin{array}{\|c\|c\|}\hline 1 & 3 \\ \hline 2 & 4 \\ \hline\end{array}$	0
	[31]	$\begin{array}{\|c\|c\|c\|}\hline 1 & 2 & 3 \\ \hline 4 \\ \cline{1-1}\end{array}$	

1	2	4
3		

1	3	4
2		

1

[4]

1	2	3	4

2

S_5

[32]

1	2	3
4	5	

1	2	4
3	5	

1	2	5
3	4	

1	3	4
2	5	

1	3	5
2	4	

1/2

[41]

1	2	3	4
5			

1	2	3	5
4			

1	2	4	5
3			

1	3	4	5
2			

3/2

[5]

1	2	3	4	5

5/2

…

2. S_5 的实例

1	2	3	4	5

(1) [5].

$$\hat{Y}=\hat{S}=\sum\hat{P}(12345)$$

被投影的函数

$$F=\alpha(1)\alpha(2)\alpha(3)\alpha(4)\alpha(5)$$

则 $\hat{Y}F=120F$.

(2) [41].

1	2	3	4
5			

$$\begin{aligned}\hat{Y}&=\hat{A}\hat{S}=[E-(15)]\sum\hat{P}(1234)\\ \hat{Y}F&=\hat{A}\hat{S}F=\hat{A}\hat{S}\alpha(1)\alpha(2)\alpha(3)\alpha(4)\beta(5)\\ &=\hat{A}24\alpha(1)\alpha(2)\alpha(3)\alpha(4)\beta(5)\\ &=24[\alpha(1)\alpha(2)\alpha(3)\alpha(4)\beta(5)-\beta(1)\alpha(2)\alpha(3)\alpha(4)\alpha(5)]\end{aligned}$$

第 5 章　连续群——李群和李代数

5.1 引　　言

前面介绍过有限群，如 C_{2v}群，其阶数为 4；D_{6h}群，其阶数为 24，等等. 还介绍过无限群，如 $C_{\infty v}$，$C_{\infty h}$和 SO(2)等，其阶数为无穷大. 无限群又分为可数的无穷大，如 S_4，S_N，当 $N\to\infty$ 时，其阶为可数的无穷大. 无限群还有不可数的无穷大，如 SO(2)，其阶为不可数的无穷大. 这个不可数的无穷大的群，又称为连续群. 1893 年，挪威的数学家 Sophus Lie(1842～1899)研究常微分方程和偏微分方程而提出了连续群的概念. 以下的常微分方程组

$$\frac{\mathrm{d}x_i}{\mathrm{d}t}=\nu_i(x_1,x_2,\cdots,x_n,t),\quad i=1,2,\cdots,n$$

其解 $x_i'=f_i(x,t)$，$i=1,2,\cdots,n$ 为

$$x'_i=\int\nu_i(x,t)\mathrm{d}t+c_i,\quad i=1,2,\cdots,n$$

这个解是积分流形(integral manifold)，即

$$\{x_i\}_{t=0}\to\{x'_i\}=\{f_i(x,t)\},\quad i=1,2,\cdots,n$$

$$x\to x'\quad 或\quad x'=Tx$$

这种变换 T 的集是连续群，称为李群，满足群的四个公设，即封闭性. 若 $T_1,T_2\in G$，则 $T_1T_2\in G$；又服从结合律$(T_1T_2)T_3=T_1(T_2T_3)$；存在单位元素和逆元素，即 $T_0=1$和 $T^{-1}=T'$.

以下给出连续群的某些实例.

例 1　实数的集合是连续群，称为单参数群. 它由一个在$(-\infty,\infty)$内的变化参数单参 x 确定.

例 2　一组线性变换

$$x'=ax+b,\quad a,b\in(-\infty,\infty)$$

$$x'\leftarrow x,\qquad a\neq 0$$

是两参数连续群. 因为这个变换可表示为

$$T(a,b)x=x'=ax+b$$

它服从封闭性

$$\begin{aligned}T(a_1,b_1)T(a_2,b_2)x&=T(a_1,b_1)(a_2x+b_2)=a_1(a_2x+b_2)+b_1\\&=a_1a_2x+a_1b_2+b_1=a_3x+b_3=T(a_3,b_3)x\end{aligned}$$

$$a_3=a_1a_2,\quad b_3=a_1b_2+b_1$$

其中,a_3 和 b_3 与 a_1,a_2,b_1 和 b_3 都在同一区间.

单位元素为 $T(1,0)$,因为 $a_1=1,\ b_1=0$,所以 $T(1,0)x=x+0$.

任何元素存在逆元素,即 $T(c,d)T(a,b)=T(1,0)$,显然有以下关系

$$\begin{aligned}T(c,d)T(a,b)x &= T(c,d)(ax+b)=c(ax+b)+d\\ &=cax+cb+d=T(1,0)x=x\end{aligned}$$

所以

$$ca=1,\quad cb+d=0,\quad c=\frac{1}{a},\quad d=-cb=-\frac{b}{a}$$

$$T^{-1}(a,b)=T(c,d)=T\left(\frac{1}{a},-\frac{b}{a}\right)$$

从以上例子可以看出点群的元素是分立的,例如,对称动作和置换,它无参数;而连续群的元素是连续存在,它决定于参数.

例 3　所有两变量的线性齐次变换的集合$\{T\}$成四参数两维连续群 GL(2)

$$\begin{aligned}x'&=a_{11}x+a_{12}y\\ y'&=a_{21}x+a_{22}y\end{aligned}\quad 或\quad \begin{pmatrix}x'\\ y'\end{pmatrix}=\begin{pmatrix}a_{11} & a_{12}\\ a_{21} & a_{22}\end{pmatrix}\begin{pmatrix}x\\ y\end{pmatrix}=T\begin{pmatrix}x\\ y\end{pmatrix}$$

而 $\mathrm{GL}(2)\cong(T)=\{2\times2$ 非奇异矩阵$\}=G$,两者同构,因为 GL(2)与 G 一一对应,即 $\mathrm{GL}(2)\leftrightarrow G$,同时 $\sigma(A)\sigma(B)=\sigma(AB)$.

例 4　n 个变量的线性齐次变换的集合$\{T\}$

$$x'_i=\sum_{j=1}^{n}a_{ij}x_j,\quad i=1,2,\cdots,n,\ a_{ij}\neq0$$

形成 n^2 参数 n 维连续群 GL(n). 因为

$$\mathrm{GL}(n)\cong\{n\times n\ 非奇异矩\}$$

例 5　绕某一轴(如 z 轴)转动的集合是一连续群

$$\begin{pmatrix}x'\\ y'\end{pmatrix}=\begin{pmatrix}\cos\phi & -\sin\phi\\ \sin\phi & \cos\phi\end{pmatrix}\begin{pmatrix}x\\ y\end{pmatrix}=T(\phi)\begin{pmatrix}x\\ y\end{pmatrix}$$

单参数 ϕ,$[\pi,-\pi]$或$[0,2\pi]$. 这是轴转动群 SO(2).

例 6　在三维空间中通过某一固定点而绕所有轴转动的集合是一连续群轴转动群 SO(3). 它将由三个参数表示,即 Euler 角(α,β,γ).

推广到一般化.

设一有限群,其阶数 $g=n$,即 $G(a_1,a_2,\cdots,a_n)$,如将 $a_1,a_2,\cdots,a_n$ 视为 n 维空间的一点,则所有这些点的集合称为群流形.

群流形可视为一向量空间,其基矢为 $a_1,a_2,\cdots,a_n$. 若这些参数中至少有一个参数在某一区间连续变化,则这群流形即是连续群. 因为封闭性成立,即若

$$A(a)=A(a_1a_2\cdots a_n),\quad B(a')=B(a'_1a'_2\cdots a'_n)$$

则由 $AB=C$，有 $C(a'')=C(a''_1a''_2\cdots a''_n)$，其中

$$a''_i=f_i(a_1a_2\cdots a_n;\ a'_1a'_2\cdots a'_n),\quad i=1,2,\cdots,n$$

f_i 是连续函数.

有单位元素，$E=E(0,0,\cdots,0)$，由

$$AE=EA=A(a_1,a_2,\cdots,a_n)$$

有

$$a_i=f_i(a_1,a_2,\cdots,a_n;0,0,\cdots,0)=f_i(0,0,\cdots,0;a_1,a_2,\cdots,a_n)$$

其逆元素为

$$A^{-1}(\bar{a})=A^{-1}(\bar{a}_1,\bar{a}_2,\cdots,\bar{a}_n)$$

因为 $AA^{-1}=A^{-1}A=E$，

$$\begin{aligned}f_i&=(a_1,a_2,\cdots,a_n;\ \bar{a}_1,\bar{a}_2,\cdots,\bar{a}_n)=f_i(\bar{a}_1,\bar{a}_2,\cdots,\bar{a}_n;\ a_1,a_2,\cdots,\bar{a}_n)\\&=f_i(0,0,\cdots,0)\end{aligned}$$

有逆元素，结合律成立.

5.2 拓 扑 群

1. 拓扑变换

拓扑变换是一种连续变换，其长度和角度要变化，但是欧拉示性数不变. 下面以四面体为例，如图 5.1 所示，其欧拉示性数 $E(N)$ 为

$$E(N)=\text{顶点数}-\text{边数}+\text{面数}=V-E+F=4-6+4=2$$

$E(N)$即为欧拉示性数(Euler characteristics)，它在拓扑变换中是不变的. 此即为拓扑性质.

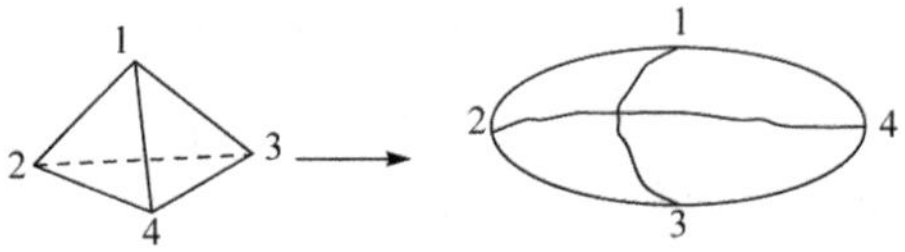

图 5.1

图 5.2 所示为一些实例. 图(a)中线段 L_1 和 L_2 的几何性质是不同的，但是从拓扑性质来讲是相同的；而线段 L_1，L_2 和 L_3 的拓扑性质是不同的，因为 L_3 有一结点. 图(b)为从一空心橡皮圈连续变换为一个橡皮漱口盅，几何性质显然是不同的，但是其拓扑性质是相同的.

2. 参数空间 Sr

(1) 定义 r 维实内积空间，其子集称为参数空间 Sr，它有下述 1-对-1 的映射

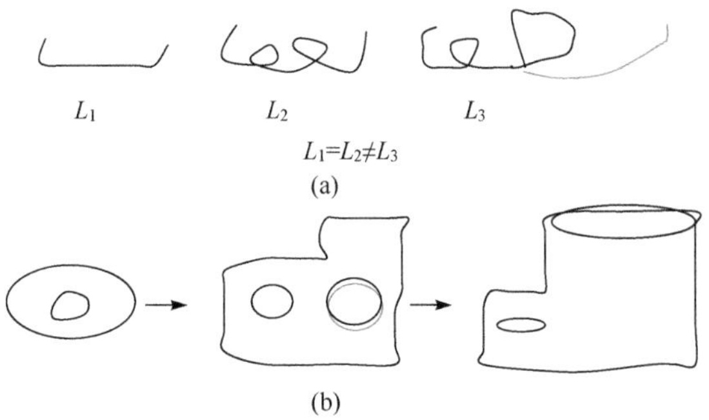

图 5.2

连续群		参数空间
G	1-对-1 ⟷	Sr
x		$p(x)$
源		像

(2) 点 $p(x)$在参数空间 Sr 的邻域定义为

$$\| p'-p(x) \| < \varepsilon$$

其中,ε 是任意小的实正数.点 p'的集合称为点 $p(x)$的邻域,表示为 N_ε.

(3) 群 G 的元素 x 的邻域定义为

$$\| p(x')-p(x) \| < \varepsilon$$

群 G 的所有元素 x'的集合称为群 G 的元素 x 的邻域,表示为 Z_ε.

3. 结合律和逆元素律的连续性

(1) 结合律是连续的,即

$$xx_2=x_3,\quad 其中\ x,x_2,x_3\in G$$

其中一个元素,如 x,有小的改变 ,则积 x_3 将有小的改变.这表示

$$\| p(x)-p(x_2) \| \leqslant \delta_\varepsilon$$

即 x 是 x_2 的邻域,则有

$$\| p(xx_2)-p(x_3) \| \leqslant \varepsilon$$

即 xx_2 是 x_3 的邻域.

(2) 逆元素律是连续的,即 x 有小的变化,则导致其逆 x^{-1}会有小的变化.

4. 若其结合律和逆元素律都为连续的,则连续群为拓扑群(topological group)

5. 连通性(connectedness)

(1) Sr 的连通性,对于

$$\chi_1,\chi_2\in G,\quad p(\chi_1),p(\chi_2)\in \text{Sr}$$

若可能通过在 Sr 中的一条路径或多条路径连通 $p(x_1)$和 $p(x_2)$，则 Sr 是连通的；反之，则 Sr 是不连通的.

(2) 群 G 的连通性.

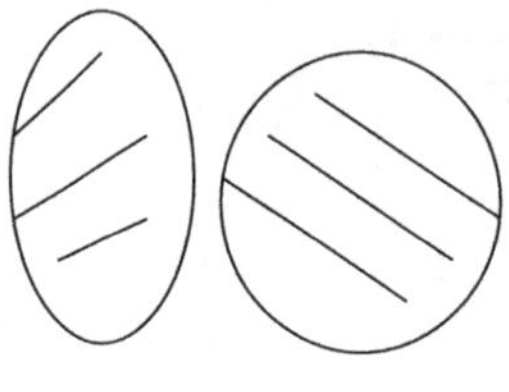

图 5.3

群 G 元素 x 的集合，即 $x\in G$，其像都在 Sr 的连通路径 $p(x_1)\rightarrow p(x_2)$上，则群 G 元素 x 的集合就是连通 x_1 和 x_2 的路径.

(3) 若 Sr 是连通或不连通的，则称 G 就是连通或不连通的. 若 G 是不连通的，但仍可能是连续的，如图 5.3 所示.

(4) Sr 的 k 重连通路程. 从点 $P(x_1)$到点 $P(x_2)$的几种路程：单重连通、双重连通、四重连通，如图 5.4 所示.

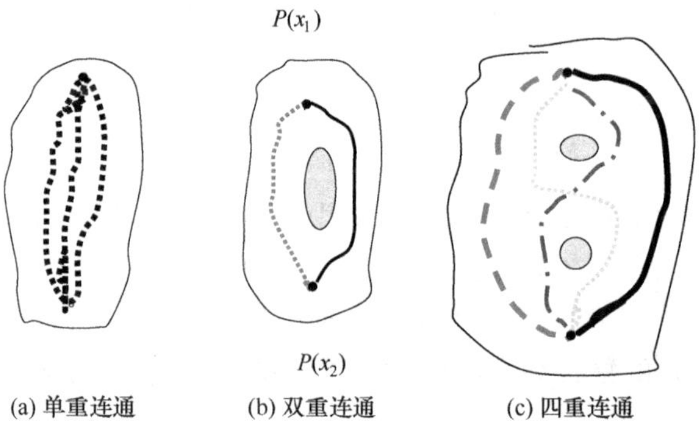

图 5.4

6. 紧致性(compactness)

设 $p(x)$属于 Sr，即 $p(x)\in$ Sr，Sr 满足柯西序列，又若 lim Sr$\in$ Sr 成立，则 Sr 是封闭和有界的，即 Sr 是紧致的. 若 Sr 是紧致的，则 G 是紧致的.

5.3 李　　群

1. 李群的定义

设 $\chi_1,\chi_2,\cdots\in G$，且 G 是拓扑群，有 r 个连续参数，即

$$x_1\equiv x_1(a_1a_2\cdots a_r)$$
$$x_2\equiv x_2(b_1b_2\cdots b_r)$$
$$x_1x_2=x_3=x_3(c_1c_2\cdots c_r)$$
$$x_1^{-1}=x_1^{-1}(d_1d_2\cdots d_r)$$

式中

$$c_i=c_i(a_1a_2\cdots a_r;\ b_1b_2\cdots b_r),\quad i=1,2,\cdots,r$$
$$d_i=d_i(a_1a_2\cdots a_r),\quad i=1,2,\cdots,r$$

若存在单位元素∈的邻域 N,使得在邻域 N 内 $c_i's$ 和 $d_i's$ 是 $a_i's$ 和 $b_i's$ 的连续可导的解析函数,则拓扑群 G 即为 r 维的李群.

2. 无穷小算符

设一质点绕 z 轴作无穷转动,即

$$x+\mathrm{d}x=x'=x\cos\delta\phi-y\sin\delta\phi$$
$$y+\mathrm{d}y=y'=x\sin\delta\phi+y\cos\delta\phi$$

因为

$$\delta\phi\to0,\quad \cos\delta\phi\to1,\quad \sin\delta\phi\to\delta\phi$$

所以

$$x+\mathrm{d}x=x-y\delta\phi,\quad \mathrm{d}x=-y\delta\phi$$
$$y+\mathrm{d}y=x\delta\phi+y,\quad \mathrm{d}y=x\delta\phi$$

$\psi(x,y)$的全微分为

$$\begin{aligned}\mathrm{d}\psi&=\left(\frac{\partial\psi}{\partial x}\right)\mathrm{d}x+\frac{\partial\psi}{\partial y}\mathrm{d}y=-y\left(\frac{\partial\psi}{\partial x}\right)\delta\phi+x\,\frac{\partial\psi}{\partial y}\delta\phi\\&=\delta\phi\left(x\,\frac{\partial\psi}{\partial y}-y\,\frac{\partial\psi}{\partial x}\right)=\delta\phi\left(x\,\frac{\partial}{\partial y}-y\,\frac{\partial}{\partial x}\right)\psi=\delta\phi I_\phi\psi\end{aligned}$$

式中,$I_\phi=\left(x\,\frac{\partial}{\partial y}-y\,\frac{\partial}{\partial x}\right)$ 是无穷小算符(I. O.). 下述矩阵 T 也是无穷小算符

$$T=\begin{pmatrix}\cos\delta\phi & -\sin\delta\phi\\ \sin\delta\phi & \cos\delta\phi\end{pmatrix}$$

3. 李群的元素

(1) 如何表示李群的元 $x(a)=x(a_1a_2\cdots a_r)\in G$.

选择连续参数,使得 $x(0)=x(00\cdots0)\in G$ 在 Sr 的原点,即

源	像
G	Sr
$x(00\cdots0)$	$00\cdots0$
$x(a_1a_2\cdots a_r)$	$a_1a_2\cdots a_r$

因为李群的解析性,$a_1a_2\cdots a_r$ 可视为小的变分,则 $x(a)=x(a_1a_2\cdots a_r)$ 可用泰勒级数在单位元素的 ∈ 的邻域 N 展开,即

$$x(a_1a_2\cdots a_r) = x(00\cdots 0) + \sum a_j \left(\frac{\partial x}{\partial a_j}\right)_{La_i=0} + \frac{1}{2}\sum a_ia_j \left(\frac{\partial^2 x}{\partial a_i\partial a_j}\right)_{La_i=0,La_j=0} + \cdots$$

取一级近似，得到

$$x(a_1a_2\cdots a_r) = x(00\cdots 0) + \sum a_j \left(\frac{\partial x}{\partial a_j}\right)_{La_i=0}$$

设 $I_j=\left(\frac{\partial x}{\partial a_j}\right)_{La_i=0}$ 为无穷小算符，因而

$$x(a_1a_2\cdots a_r) = \in + \sum a_jI_j + \frac{1}{2}\sum a_ia_jI_iI_j + \cdots$$

若 $r=1$，即单参数，则有

$$x(a)=\in + aI + \frac{1}{2}(aI)^2 + \cdots + \frac{1}{n!}(aI)^n$$

与以下级数比较

$$e^x = 1 + x + \frac{1}{2}x^2 + \cdots + \frac{1}{n!}x^n$$

可得到李群的元素为 $x(a)=e^{aI}$. 因而对于任何单参数元素，有

$$x(a_j)=x(00\cdots a_j\cdots 0)=\exp(a_jI_j)$$

由参数 a_j 和在单位元素的 ε 的邻域内的无穷小算符 I_j 可得到 $x(a_j)$ 的表示.

(2) 若 $x(\beta)$ 离群 G 的单位元素为有限距离，则可将参数 β 写为

$$\beta=a_1+a_2+\cdots+a_j+\cdots+a_N$$

当 N 足够大时，a_j 将足够小，以致有

$$\begin{aligned}&x(a_1)x(a_2)\cdots x(a_j)\cdots x(a_N)\\&=e^{a_1I}e^{a_2I}\cdots e^{a_jI}\cdots e^{a_NI}=e^{(a_1+a_2+\cdots+a_j+\cdots+a_N)I}\\&=e^{\beta I}=x(\beta)\end{aligned}$$

(3) 若有 r 个参数和 r 个无穷小算符则群元素可表示为

$$x(a_1a_2\cdots a_r) = \exp\sum(a_jI_j)$$

(4) 证明 $x(a_1a_2\cdots a_r)$ 是酉算符，即

$$x(a)x^+(a)=\in \text{单位元素}$$

证明 因为 $x(a_1a_2\cdots a_r) = x(a) \approx I + \sum(a_jI_j)$

$$\begin{aligned}x(a)x^+(a) &\approx (1+\sum_j a_jI_j)(1+\sum_j a_jI_j^+)\\&= 1+\sum_j^r a_j(I_j+I_j^+) + \sum a_j^2I_jI_j^+ = \in = 1\end{aligned}$$

所以 $I_j+I_j^+=0$，即 $I_j=-I_j^+$.

这表示 I_j 是反厄米算符(antihermitian). 为了使算符 $x(a_j)$ 为酉算符，可用 $\mathrm{i}I_j$

代替 I_j，即

$$x(a)=e^{aI}\to x(a)=e^{iaI}$$

则

$$x(a_j)x^+(a_j)=e^{ia_jI_j}e^{-ia_jI_j^+}=e^{ia_j(I_j+I_j^+)}=1$$

所以 $x(a_j)$是酉算符.

4. 如何导出酉算符 I_j

因为 $x(a_j)=x(00\cdots a_j\cdots 0)=\exp(ia_jI_j)$，并可展开为

$$e^x=1+x+\frac{1}{2}x^2+\cdots+\frac{1}{n!}x^n$$

$$x(a_j)\approx x(00\cdots 0)+ia_jI_j$$

对于所有群 G 的所有无限靠近单位元素$\in$的群元素可写成

$$x(00\cdots a_j\cdots 0)\approx x(00\cdots 0)+i\in_jI_j$$

即有

$$I_j=\lim_{\in_j\to 0}\frac{1}{i\in_j}[x(00\cdots a_j\cdots 0)-x(00\cdots 0)]$$

计算时，用 $x(00\cdots a_j\cdots 0)$ 和 $x(00\cdots 0)$的表示代替它们.

5. 李群的表示

(1) 设 $\Gamma(x)$的集合$\{\Gamma(x)\}$是李群 G 的表示，当 $x\to x'$时，有 $\Gamma(x)\to\Gamma(x')$，则$\{\Gamma(x)\}$是群 G 的连续表示. Γ 和 G 有相同的参数.

(2) 不加证明地给如下定理：

① 任何表示至少有一等价酉表示.

② 任何酉表示是完全可约化的.

③ 任何不可约化酉表示是有限维的.

5.4　轴转动群 SO(2)

1. SO(2)群

(1) 绕 z 轴(或任何轴)在 xy 平面转动的集合是 SO(2)群.

①封闭性

$$\begin{aligned}T(\phi)T(\theta)=T(\theta)T(\phi)&=T(\phi+\theta) && \phi+\theta\leqslant 2\pi\\ &=T(\phi+\theta-2\pi) && \phi+\theta>2\pi\end{aligned}$$

② 单位元素

$$T(0)=0$$

③ 逆元素

$$T^{-1}(\phi)=T(2\pi-\phi), \quad T^{-1}(\phi)T(2\pi-\phi)=T(0)$$

(2) 参数空间 Sr.

源	像
SO(2)	Sr
$T(\phi)$	ϕ

SO(2)群为单参数 ϕ 群.

(3) SO(2)群的表示.

$$\begin{pmatrix} x' \\ y' \end{pmatrix}=\begin{pmatrix} \cos\phi & \sin\phi \\ -\sin\phi & \cos\phi \end{pmatrix}\begin{pmatrix} x \\ y \end{pmatrix}=T(\phi)\begin{pmatrix} x \\ y \end{pmatrix}$$

$$(x',y')=(x,y)\begin{pmatrix} \cos\phi & -\sin\phi \\ \sin\phi & \cos\phi \end{pmatrix}$$

SO(2)$\cong\{T\}$,T 是二维表示.

(4) SO(2)群的连通性.

$$x_1,x_2\in G, \quad P(x_1),P(x_2)\in \mathrm{Sr}$$

$$T(\phi),T(\phi+\theta)\in \mathrm{SO}(2), \quad \phi,\phi+\theta\in[0,2\pi]$$

若 $\phi\to\phi+\theta$ 的连通是可能的,即$[0,2\pi]$是连通的 ,则 SO(2)是连通的.

(5) SO(2)群是对易的,即

$$T(\phi)T(\theta)=T(\theta)T(\phi)$$

因为 SO(2)群是对易的,所以

SO(2)群的阶=群的类数=群的不可约表示的数目

这时表示矩阵是一数,也等于特征标.

总之,SO(2) 群为单参数的、连续的、连通的、对易的和紧致的.

2. SO(2)群的无穷小算符

例 1 设 $\{\exp(\mathrm{i}m\phi)\cong\mathrm{SO}(2)\}$,即$\{\exp(\mathrm{i}m\phi)\}$为 SO(2)群的表示. 问如何导出无穷小算符 I_j.

解 将 SO(2)群的表示代入 $I_j=\lim\limits_{\in_j\to 0}\left[\dfrac{1}{\mathrm{i}\in_j}\{x(00\cdots\in\cdots 0)-x(00\cdots 0)\}\right]$,得到

$$I=\lim_{\phi\to 0}\left[\frac{1}{\mathrm{i}\phi}\{\exp(\mathrm{i}m\phi)-1\}\right]=\frac{0}{0}$$

这是不定式,运用洛必达(L'Hôspital)法则

$$\lim_{x\to a}\frac{f(x)}{g(x)}=\lim_{x\to a}\frac{f'(x)}{g'(x)}$$

则

$$I=\lim_{\phi\to 0}\frac{\mathrm{i}m\exp(\mathrm{i}m\phi)}{\mathrm{i}}=m$$

所以

$$x(00\cdots a_j\cdots 0)=\exp(\mathrm{i}a_jI_j)=\exp(\mathrm{i}\phi m)$$

例 2　设 SO(2)群的表示为

$$\left\{R(\phi)=\begin{pmatrix}\cos\phi & \sin\phi\\ -\sin\phi & \cos\phi\end{pmatrix}\cong SO(2)\right\}$$

如何导出 I_j.

解　代入 SO(2)群的表示，得到不定式，并运用洛必达法则，则

$$I=\lim_{\varepsilon_j\to 0}\left[\frac{1}{\mathrm{i}\varepsilon_j}\{x(00\cdots\varepsilon_j\cdots 0)-x(00\cdots 0)\}\right]$$

$$I=\lim_{\phi\to 0}\left[\frac{1}{\mathrm{i}\phi}\left\{\begin{pmatrix}\cos\phi & \sin\phi\\ -\sin\phi & \cos\phi\end{pmatrix}-\begin{pmatrix}1 & 0\\ 0 & 1\end{pmatrix}\right\}\right]=\frac{0}{0}$$

$$=\lim_{\phi\to 0}\left[\frac{\begin{pmatrix}\sin\phi & \cos\phi\\ -\cos\phi & -\sin\phi\end{pmatrix}-\begin{pmatrix}0 & 0\\ 0 & 0\end{pmatrix}}{\mathrm{i}}\right]$$

$$=\frac{\begin{pmatrix}0 & 1\\ -1 & 0\end{pmatrix}-\begin{pmatrix}0 & 0\\ 0 & 0\end{pmatrix}}{\mathrm{i}}=\frac{\begin{pmatrix}0 & 1\\ -1 & 0\end{pmatrix}}{\mathrm{i}}$$

$$=-\mathrm{i}\begin{pmatrix}0 & 1\\ -1 & 0\end{pmatrix}=\begin{pmatrix}0 & -\mathrm{i}\\ \mathrm{i} & 0\end{pmatrix}=\sigma_y$$

因而

$$R(\phi)=\exp(\mathrm{i}\phi\sigma_y)$$

$$I_j=\lim_{\varepsilon_j\to 0}\left[\frac{1}{\mathrm{i}\varepsilon_j}\{x(00\cdots\in\cdots 0)-x(00\cdots 0)\}\right]$$

先总结一下，给出群表示，无穷小算符和群元素表示如下：

群表示	无穷小算符	$R(\phi)$
$\exp(\mathrm{i}m\phi)$	m	$\exp(\mathrm{i}\phi m)$
$\left\{\begin{pmatrix}\cos\phi & \sin\phi\\ -\sin\phi & \cos\phi\end{pmatrix}\right\}$	σ_y	$\exp(\mathrm{i}\phi\sigma_y)$

例 3　设群元素 $R(\phi)$为正交变换(orthogonal transformation)，即

$$R(\phi)(x,y)=(x',y')=(x,y)\begin{pmatrix}\cos\phi & -\sin\phi\\ \sin\phi & \cos\phi\end{pmatrix}$$

转置后为

$$R(\phi)\begin{pmatrix}x\\y\end{pmatrix}=\begin{pmatrix}x'\\y'\end{pmatrix}=\begin{pmatrix}\cos\phi & \sin\phi\\-\sin\phi & \cos\phi\end{pmatrix}$$

如果 $R(\phi)$不是直接作用在坐标上,而是作用在坐标的函数上,即为 $R(\phi)f(x,y)$,如何导出无穷小算符?已知有

$$R(\phi)f(x,y)=f(R^{-1}(\phi)(x,y))$$

即 $R(\phi)$作用于坐标的函数上的结果就等于其逆 $R^{-1}(\phi)$直接作用于坐标上. 这时群元素 $R(\phi)$的表示为

$$R(\phi)=\exp(\mathrm{i}\phi L_z/h)$$

证明　由于有

$$R^{-1}(\phi)(x,y)=(x',y')=(x,y)\begin{pmatrix}\cos\phi & \sin\phi\\-\sin\phi & \cos\phi\end{pmatrix}$$

$$=[x\cos\phi-y\sin\phi,x\sin\phi+y\cos\phi]$$

将上式代入 $R(\phi)f(x,y)=f(R^{-1}(\phi)(x,y))$,

$$R(\phi)f(x,y)=f[x\cos\phi-y\sin\phi,x\sin\phi+y\cos\phi]$$

即有同构关系$\{R(\phi)f(x,y)\}\cong \mathrm{SO}(2)$.

由

$$I_j=\lim_{\varepsilon_j\to 0}\frac{1}{\mathrm{i}\varepsilon_j}[x(00\cdots\varepsilon_j\cdots 0)-x(00\cdots 0)]$$

得到不定式,并运用洛必达法则.

无穷小算符 I 作用在函数 f 上

$$If(x,y)=\lim_{\phi\to 0}\left\{\frac{f[(x\cos\phi-y\sin\phi,x\sin\phi+y\cos\phi)]-\varepsilon f(x,y)}{\mathrm{i}\phi}\right\}=\frac{0}{0}=\lim_{\phi\to 0}\frac{\dfrac{\partial f}{\partial\phi}}{\dfrac{\partial(\mathrm{i}\phi)}{\partial\phi}}$$

因为

$$f[N(\phi),M(\phi)],\quad \frac{\partial f}{\partial\phi}=\frac{\partial f}{\partial N}\frac{\mathrm{d}N}{\mathrm{d}\phi}+\frac{\partial f}{\partial M}\frac{\mathrm{d}M}{\mathrm{d}\phi}$$

式中,$N=x\cos\phi-y\sin\phi$,则有

$$\frac{\mathrm{d}N}{\mathrm{d}\phi}=\frac{\mathrm{d}[x\cos\phi-y\sin\phi]}{\mathrm{d}\phi}=-x\sin\phi-y\cos\phi$$

$$\left(\frac{\mathrm{d}N}{\mathrm{d}\phi}\right)_{\phi\to 0}=-y,\quad \left(\frac{\partial f}{\partial N}\right)_{\phi\to 0}=\frac{\partial f}{\partial x}$$

而 $M=x\sin\phi+y\cos\phi$,有

$$\frac{\mathrm{d}M}{\mathrm{d}\phi}=\frac{\mathrm{d}[x\sin\phi+y\cos\phi]}{\mathrm{d}\phi}=x\cos\phi-y\sin\phi$$

$$\left(\frac{\mathrm{d}M}{\mathrm{d}\phi}\right)_{\phi\to 0}=x,\quad \left(\frac{\partial f}{\partial M}\right)_{\phi\to 0}=\frac{\partial f}{\partial y}$$

代入上述结果，则

$$If(x,y)=\lim_{\phi\to 0}\frac{\dfrac{\partial f}{\partial\phi}}{\dfrac{\partial(\mathrm{i}\phi)}{\partial\phi}}=\frac{-y\dfrac{\partial f}{\partial x}+x\dfrac{\partial f}{\partial y}}{\mathrm{i}}=\mathrm{i}\left[y\frac{\partial f}{\partial x}-x\frac{\partial f}{\partial y}\right]$$

$$=\mathrm{i}\left[y\frac{\partial}{\partial x}-x\frac{\partial}{\partial y}\right]f(x,y)$$

故

$$L_z=\mathrm{i}\hbar\left(y\frac{\partial}{\partial x}-x\frac{\partial}{\partial y}\right),\quad I=\mathrm{i}\left(y\frac{\partial}{\partial x}-x\frac{\partial}{\partial y}\right)=\frac{L_z}{\hbar}$$

因而

$$R(\phi)f(x,y)=f(R^{-1}(\phi)(x,y))$$
$$R(\phi)=\exp(\mathrm{i}\phi L_z/h)$$

5.5　群 $C_{\infty v}$ 和 $D_{\infty h}$ 的表示和特征标

群 $C_{\infty v}\{E,\infty C_{\infty},\infty\sigma_v\}$，例如，H—Cl，H—C≡N 等属于 $C_{\infty v}$.

$C_{\infty v}$ 有无穷轴 C_{∞}，即 ∞-fold 轴，因为 $\frac{2\pi}{\infty}\to\delta$，即转动无限小，例如，$C_3$ 轴为 $\frac{2\pi}{3}=120°$，还有无穷多个垂直对称平面 σ_v. $C_{\infty v}$ 无对称中心 i. 分子轴 AB 与 Z-轴重合. 因为群 C_{∞} 即 SO(2) 群，所以，群 $C_{\infty v}$ 就是 SO(2) 群与 $\infty\sigma_v$ 的加和，即

$$C_{\infty v}=\mathrm{SO}(2)+\infty\sigma_v$$

已知群 SO(2) 的表示，在此基础上导出 $C_{\infty v}$ 的表示. 为此，首先简要地回顾群表示导出的过程.

设有向量空间 L_n，其基集合为 $\{\phi_n\}=\{\phi_1\phi_2\cdots\phi_i\cdots\phi_n\}$. L_n 对群 $G(EAB\cdots)$ 是封闭的，即

$$A\phi_i=\sum_{j=1}^{1}\phi_j T_{ji}(A),\quad A\in G$$

则有 $A\{\phi_1\phi_2\cdots\phi_i\cdots\phi_n\}=\{\phi_1\phi_2\cdots\phi_j\cdots\phi_n\}T(A)$，或简单地表示为

$$A\Phi=\Phi T(A)$$

式中，$\Phi=\{\phi_1\phi_2\cdots\phi_i\cdots\phi_n\}$. 由此得到 $T=\{T(E),T(A),\cdots\}$，即群 G 的表示. 选择

球谐函数为 $C_{\infty v}=\{SO(2)+\sigma_v\}$ 的基集合 $\{\phi_1\phi_2\cdots\phi_i\cdots\phi_n\}$，即

$$Y_{lm}=AP_l^{|m|}(\cos\theta)e^{im\phi}$$

式中，$l=l, m=0,\pm1,\pm2,\cdots,\pm l$，表示为 $(2l+1)$ 维. C_∞ 对 Y_{lm} 的作用为

$$C_\infty Y_{lm}=R_z(\phi)Y_{lm}=Y'_{lm}=\exp(im\phi)Y_{lm}$$

式中，对称动作 C_∞ 即 SO(2) 群的群元素 $R_z(\phi)$，它表示为 $\exp(-im\phi)$

$$C_\infty Y_{lm}=R_z(\phi)Y_{lm}=Y'_{lm}=\exp(im\phi)Y_{lm}$$

$$C_\infty Y_{l-m}=R_z(\phi)Y_{l-m}=Y'_{l-m}=\exp(-im\phi)Y_{l-m}$$

结合两式，得到

$$C_\infty[Y_{lm},Y_{l-m}]=[Y'_{lm},Y'_{l-m}]=[Y_{lm},Y_{l-m}]\begin{pmatrix}e^{im\phi} & 0\\ 0 & e^{-im\phi}\end{pmatrix}$$

C_∞ 或 $R_z(\phi)$ 的特征标为

$$\begin{aligned}x^{|m|}[R_z(\phi)]=x^{|m|}[C_\infty]&=e^{im\phi}+e^{-im\phi}\\&=\cos m\phi+i\sin m\phi+\cos m\phi-i\sin m\phi\\&=2\cos m\phi\end{aligned}$$

若 $|m|=0,1,2,3\cdots$，即为 $\Sigma,\pi,\Delta,\varphi,\cdots$ 态. 而 σ_v 对球谐函数的作用为

$$\sigma_v Y_{lm}(\theta,\phi)=Y_{lm}(\theta,-\phi)=Y_{l,-m}(\theta,\phi)$$

$$\sigma_v Y_{l-m}(\theta,\phi)=Y_{l-m}(\theta,-\phi)=Y_{lm}(\theta,\phi)$$

$$\sigma_v(Y_{lm},Y_{l-m})=(Y_{l-m},Y_{lm})=(Y_{lm},Y_{l-m})\begin{pmatrix}0 & 1\\ 1 & 0\end{pmatrix}$$

因而 σ_v 的特征标为零，即 $x(\sigma_v)=0$.

群 $D_{\infty h}\{E,C_\infty,\sigma_v,iE,iC_\infty,i\sigma_v\}$，例如，H—H，H—C≡C—H 等都属于群 $D_{\infty h}$，它有对称中心 i.

$$\begin{aligned}D_{\infty h}&=C_{\infty v}(E,C_\infty,\sigma_v)\otimes c_i(E,i)\\&=\{E,C_\infty,\sigma_v,iE,iC_\infty,i\sigma_v\}=\{E,C_\infty,\sigma_v,i,S_\infty^\phi,C'_2\}\end{aligned}$$

式中

$$iE=i,\quad x(i)x(E)=x(i)\to Ag,Au$$

$x(i)=1$，对应于偶宇称 Ag；$x(i)=-1$，对应于奇宇称 Au.

可以证明以下结果

$$i\sigma_v=c'_2\perp C_\infty$$

而 c'_2 垂直于分子轴 AB，即垂直于 z 轴.

因为

$$i\sigma(zx)(x,y,z)=i(x,-y,z)=(-x,y,-z)=c'_2(y)(x,y,z)$$

$$i\sigma(45,z)(x,y,z)=i(y,x,z)=(-y,-x,-z)=c'_2(45)(x,y,z)$$

即有

$$i\sigma_v = c_2', \quad x(i)x(\sigma_v) = x(c_2')$$

还可以证明 $iC_\infty^\phi = S_\infty^\phi$,因为

$$iC_\infty^\phi = iC_\infty^{\pi+\phi} = i\,C_\infty^\pi C_\infty^\phi = ic_2 C_\infty^\phi = \sigma_h C_\infty^\phi = S_\infty^\phi$$

所以

$$\begin{aligned} x(S_\infty^\phi) &= x(i)x(C_\infty^{\pi+\phi}) = x(i)2\cos m(\pi+\phi) \\ &= x(i)2[\cos m\pi\cos m\phi - \sin m\pi\sin m\phi] \\ &= x(i)2\cos m\pi\cos m\phi \end{aligned}$$

而

$$\cos m\pi = \begin{cases} +1, & m=2,4,6,\cdots \\ -1, & m=1,3,5,\cdots \end{cases}$$

并有 $x(i)=1$,对应于偶宇称 Ag;$x(i)=-1$,对应于奇宇称 Au.

对于 Ag,即 $x(i)=+1$, $x(S_\infty^\phi) = \begin{cases} -2\cos m\phi, & m=1,3,5,\cdots \\ 2\cos m\phi, & m=2,4,6,\cdots \end{cases}$

对于 Au,即 $x(i)=-1$, $x(S_\infty^\phi) = \begin{cases} -2\cos m\phi, & m=2,4,6,\cdots \\ 2\cos m\phi, & m=1,3,5,\cdots \end{cases}$

5.6　三维转动群 SO(3)

1. 定义

(1) O(3)群——三维实向量空间的正交变换的集合,即

O(3)(3×3 正交矩阵)

即 $R\tilde{R}=E$ 或 $\tilde{R}=R^{-1}$

$$\det(R)\det(\tilde{R})=1$$

因为 $\det(R)=\det(\tilde{R})$,即

$$[\det(R)]^2=1$$

所以 $\det(R)=\pm 1$.

(2) SO(3)群——三维实向量空间当 $\det(R)=+1$ 的正交变换的集合. 因为有以下的直积

$$O(3)=SO(3)\otimes C_i(E,i)$$

所以 SO(3)是纯转动群或本征转动群,O(3)是转动-反演群.

2. SO(3)群的参数

已知二维 SO(2)群,有一个参数 ϕ,即

$$R(\phi)(x,y)=(x',y')=(x,y)\begin{pmatrix}\cos\phi & -\sin\phi\\ \sin\phi & \cos\phi\end{pmatrix}$$

而三维 SO(3)群,则有三阶矩阵,即

$$R(\phi)(x,y,z)=(x',y',z')=(x,y,z)\begin{pmatrix}a_{11} & a_{12} & a_{13}\\ a_{21} & a_{22} & a_{23}\\ a_{31} & a_{32} & a_{33}\end{pmatrix}$$

又因为正交关系

$$R\widetilde{R}=E=\begin{pmatrix}1 & 0 & 0\\ 0 & 1 & 0\\ 0 & 0 & 1\end{pmatrix}$$

则 9 个参数中,仅 3 个是独立的. 因为有 6 个方程联系这些参数,通常选 Eular 角 α,β,γ 或 θ,ϕ,ψ(图 5.5).

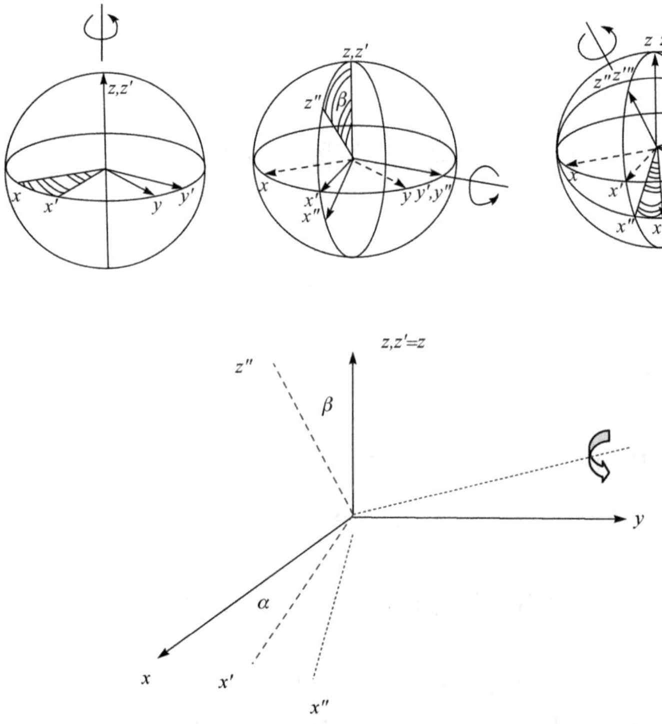

图 5.5

3. Euler 角(α,β,γ)

第一步:绕 z 轴旋转α 角

$$R_z(\alpha)=\begin{pmatrix}\cos\alpha & \sin\alpha & 0\\ -\sin\alpha & \cos\alpha & 0\\ 0 & 0 & 1\end{pmatrix}$$

第二步:绕 y'轴旋转β 角

$$R_{y'}(\beta)=\begin{pmatrix}\cos\beta & 0 & \sin\beta\\ 0 & 1 & 0\\ -\sin\beta & 0 & \cos\beta\end{pmatrix}$$

第三步: 绕 z''轴旋转γ 角

$$R_{z''}(\gamma)=\begin{pmatrix}\cos\gamma & \sin\gamma & 0\\ -\sin\gamma & \cos\gamma & 0\\ 0 & 0 & 1\end{pmatrix}$$

三次转动的乘积为

$$\begin{aligned}R(\alpha,\beta,\gamma)&=R_{z''}(\gamma)R_{y'}(\beta)R_z(\alpha)\\ &=\begin{pmatrix}\cos\alpha\cos\beta\cos\gamma-\sin\alpha\sin\gamma & \sin\alpha\cos\beta\cos\gamma+\cos\alpha\sin\gamma & \sin\beta\cos\gamma\\ -\cos\alpha\cos\beta\sin\gamma-\sin\alpha\cos\gamma & -\sin\alpha\cos\beta\sin\gamma+\cos\alpha\cos\gamma & -\sin\beta\sin\gamma\\ -\cos\alpha\sin\beta & -\sin\alpha\sin\beta & \cos\beta\end{pmatrix}\end{aligned}$$

正交矩阵 $R(\alpha,\beta,\gamma)$的行列式为 $\det(\mathrm{R})=+1$,有以下同构关系

$$\mathrm{SO}(3)\cong\{R(\alpha,\beta,\gamma)\}$$

SO(3)群有三个参数,即 α,β,γ,而 SO(3)和 $C_i(E,i)$的直积得到 O(3),即

$$\mathrm{O}(3)=\mathrm{SO}(3)\otimes C_i(E,i),\quad \det(R)=\pm1,\quad d=\pm1$$

所以 O(3)群有四个参数,即 α,β,γ 和 d,d 是非连续参数.

总之,O(3)为四参数的、紧致的、非连通的李群. O(3)的非连通性是因为群的参数空间 Sr 有两个非连通的区域,即一个非连续参数 $d=\pm1$.

4. Euler 参数的简并

若 $\beta=0$,则正交矩阵 $R(\alpha,\beta,\gamma)$为

$$R(\alpha,0,\gamma)=\begin{pmatrix}\cos(\alpha+\gamma) & \sin(\alpha+\gamma) & 0\\ -\sin(\alpha+\gamma) & \cos(\alpha+\gamma) & 0\\ 0 & 0 & 1\end{pmatrix}$$

式中,仅 $\alpha+\gamma$ 是一定的,因而简并是无穷的. 例如,若 $\alpha+\gamma=0$,则有无穷多的单位元素.

5. SO(3)群的无穷小算符

已知 SO(2) 群，$\{Ru(\phi)\}\cong$SO(2)，二维. 在一个平面上转动，有一个参数

$$I_u=-L_u/\hbar \leftarrow I_z=-L_z/\hbar$$

而 SO(3)是三维的，在三个平面上转动，有如下三个参数.

$$I_x=-L_x/\hbar,\quad I_y=-L_y/\hbar,\quad I_z=-L_z/\hbar$$

$$L_x=\mathrm{i}\hbar\left(z\frac{\partial}{\partial y}-y\frac{\partial}{\partial z}\right)=\frac{\hbar}{\mathrm{i}}\left(y\frac{\partial}{\partial z}-z\frac{\partial}{\partial y}\right)$$

$$L_y=\mathrm{i}\hbar\left(x\frac{\partial}{\partial z}-z\frac{\partial}{\partial x}\right)=\cdots$$

$$L_z=\mathrm{i}\hbar\left(y\frac{\partial}{\partial x}-x\frac{\partial}{\partial y}\right)=\cdots$$

其对易关系为

$$\{L_x,L_y]=\mathrm{i}L_z,\quad \{L_y,L_z]=\mathrm{i}L_x,\quad \{L_z,L_x]=\mathrm{i}L_y$$

现在可用另一方式来定义李群，即上述对易关系是 SO(3)的定义.

6. SO(3)群的不可约表示

导出群表示的过程，首先要选基函数，$\Phi=\{\phi_1\phi_2\cdots\phi_i\cdots\phi_n\}$，然后用群元素作用于基函数，

$$A\phi_i=\sum_{j=1}^{n}\phi_j T_{ji}(A),\quad A\in G$$

可写成

$$A\Phi=A(\phi_1\phi_2\cdots\phi_i\cdots\phi_n)=(\phi_1\phi_2\cdots\phi_j\cdots\phi_n)\begin{pmatrix}T_{11}(A)\cdots T_{1i}(A)\cdots T_{1n}(A)\\ \vdots\qquad\quad \vdots\qquad\quad \vdots\\ T_{n1}(A)\cdots T_{ni}(A)\cdots T_{nn}(A)\end{pmatrix}$$

即 $A\Phi=\Phi T(A)$.

由此得到群 G 的表示 $T=\{T(E),T(A),\cdots\}$，所谓群表示，即矩阵表示，从而得到特征标.

(1) 为导出 SO(3)群的表示，选择球谐函数为基函数，即

$$\mathrm{Y}_{lm}=\mathrm{AP}_l^{|m|}(\cos\theta)\mathrm{e}^{im\phi}$$

式中，$l=0,1,2,\cdots$；$m=0\pm1,\pm2,\cdots,\pm l$.

若 $l=0$，则 $\mathrm{Y}_0^0(\theta,\phi)$表示为一维.

若 $l=1$，则 $m=0,\pm1$，表示为三维.

若 $l=2$，则 $m=0,\pm1,\pm2$，表示为五维.

若 $l=l$，则表示为$(2l+1)$维.

(2) SO(3)群的类. 所有绕任何轴转动相同角度的动作属于同一类，因为总可找到如下相似变换

$$R_u(\alpha)=R_w^{-1}(\beta)R_v(\alpha)R_w(\beta)$$

因而 $R_u(\alpha)$ 与 $R_v(\alpha)$属于同一类.

(3) 选 z 轴和基函数 $Y_l^m(\theta,\phi)$，则群元素 $R_z(\alpha)$对基函数的作用为

$$\begin{aligned}R_z(\alpha)Y_l^m(\theta,\phi)&=Y_l^m[R_z^{-1}(\alpha)(\theta,\phi)]\\&=Y_l^m(\theta,\phi-\alpha)=P_l^{|m|}(\cos\theta)e^{im(\phi-\alpha)}\end{aligned}$$

因为

$$Y_l^m(\theta,\phi)=P_l^{|m|}(\cos\theta)e^{im\phi}$$

所以有

$$R_z(\alpha)Y_l^m(\theta,\phi)=e^{-im\alpha}P_l^{|m|}(\cos\theta)e^{im\phi}=e^{-im\alpha}Y_l^{|m|}(\cos\theta)$$

其特征标为 $e^{-im\alpha}$，这时有

$$l=0,1,2,\cdots;\quad m=0,\pm1,\pm2,\cdots,\pm l$$

可写成矩阵形式为

$$M[R_z(\alpha)]=\begin{pmatrix}e^{-il\alpha} & & & & \\ & e^{-i(l-1)\alpha} & & 0 & \\ & & e^{-i(l-2)\alpha} & & \\ & 0 & & \ddots & \\ & & & & e^{il\alpha}\end{pmatrix}\begin{matrix}m=+l\\ m=l-1\\ \\ \\ m=-l\end{matrix}$$

因为矩阵是$(2l+1)\times(2l+1)$的，故为$(2l+1)$维表示.

(4) 特征标为

$$\begin{aligned}x[R_z(\alpha)]&=\sum_{m=l}^{-l}e^{-im\alpha}=e^{-il\alpha}(1+e^{i\alpha}+e^{i2\alpha}+\cdots+e^{i2l\alpha})\\&=\frac{\sin\left(l+\frac{1}{2}\right)\alpha}{\sin(\alpha/2)}\end{aligned}$$

证明　因为几何级数的总和为

$$总和=a(1+r+r^2+\cdots+r^{n-1})=a\left(\frac{r^n-1}{r-1}\right)$$

对比后，可得到特征标为

$$x^{(l)}(\alpha)=x^{(l)}[R_z(\alpha)]=e^{-il\alpha}\frac{e^{i\alpha(2l+1)}-1}{(e^{i\alpha}-1)}=\frac{e^{i\alpha(l+1)}-e^{-il\alpha}}{e^{i\alpha}-1}e^{-il/2}$$

即

$$x^{(l)}(\alpha)=\frac{e^{i\alpha\left(l+\frac{1}{2}\right)}-e^{-i\alpha\left(l+\frac{1}{2}\right)}}{e^{i\alpha/2}-e^{-i\alpha/2}}$$

因为

$$e^{\pm i\alpha/2}=\cos(\alpha/2)\pm\sin(\alpha/2)$$

所以

$$\begin{aligned}e^{i\alpha/2}-e^{-i\alpha/2}&=[\cos(\alpha/2)+i\sin(\alpha/2)]-[\cos(\alpha/2)-i\sin(\alpha/2)]\\&=2i\sin(\alpha/2)\end{aligned}$$

则

$$x^{(l)}(\alpha)=\frac{2i\sin\left(l+\frac{1}{2}\right)\alpha}{2i\sin(\alpha/2)}=\frac{\sin\left(l+\frac{1}{2}\right)\alpha}{\sin(\alpha/2)}$$

7. SO(3)群的特征标表

由于

$$l=0,\quad x^{(0)}(\alpha)=1$$

$$l=1,\quad x^{(1)}(\alpha)=\frac{\sin\left(1+\frac{1}{2}\right)\alpha}{\sin(\alpha/2)}=1+2\cos2\alpha$$

$$l=2,\quad x^{(2)}(\alpha)=1+2\cos\alpha+2\cos2\alpha$$

$$\cdots$$

则 SO(3) 群的特征标表如下所示.

不可约表示 l 或 L	E	C_{∞}^{α}
0(s,S)	1	1
1(p,P)	3	$1+2\cos\alpha$
2(d,D)	5	$1+2\cos\alpha+2\cos2\alpha$
3(f,F)	7	$1+2\cos\alpha+2\cos2\alpha+2\cos3\alpha$
⋮	⋮	⋮

而 O(3)=SO(3)$C_i(E,i)$,则容易得到 O(3)群的特征标表.

8. 一般化

因为

$$R(\alpha,\beta,\gamma)Y_l^m(\theta,\phi)=\sum_{m'=l}^{-l}Y_l^{m'}(\theta,\phi)D_{m'm}^{(l)}(\alpha,\beta,\gamma)$$

$D^{(l)}$ 为$(2l+1)\times(2l+1)$，$m',m=0,\pm1,\cdots,\pm l$.

例如，$l=1$，则矩阵为 3×3，如下所示

$$D^{(1)}(\alpha,\beta,\gamma)=\begin{pmatrix} D_{11} & D_{10} & D_{1-1} \\ D_{01} & D_{00} & D_{0-1} \\ D_{-11} & D_{-10} & D_{-1-1} \end{pmatrix}$$

$$R(\alpha,\beta,\gamma)(Y_1^1,Y_1^0,Y_1^{-1})=(Y_1^1,Y_1^0,Y_1^{-1})\begin{pmatrix} D_{11} & D_{10} & D_{1-1} \\ D_{01} & D_{00} & D_{0-1} \\ D_{-11} & D_{-10} & D_{-1-1} \end{pmatrix}$$

例如，对于 0 列有

$$R(\alpha,\beta,\gamma)Y_1^0=Y_1^1D_{10}^{(1)}+Y_1^0D^{00}+Y_1^{-1}D_{-10}$$

9. SO(3)群的连通性

(1) SO(3)的参数空间 Sr 和群拓扑性质.

SO(3)群的参数空间 Sr 用一半径为 π 的圆球来描述. 而每个 SO(3)群的转动可用一向量来表征，其向量的长度用转动角度表示，向量的方向定为沿轴的方向，如图 5.6 所示.

例如，转动向量的长度为 π，则转动向量 $R_u(\pi)$ 在球的表面；若转动向量的长度小于 π，即 $\alpha<\pi$，则转动向量 $R_m(\alpha)$在球内. 当转动向量沿给定轴的方向，而转动向量的长度由 π 到 −π 时，这两点是在沿直径相对的两个点. 这两点实际上是同一点，这是 SO(3)的群拓扑性质，由图 5.7 可以看出.

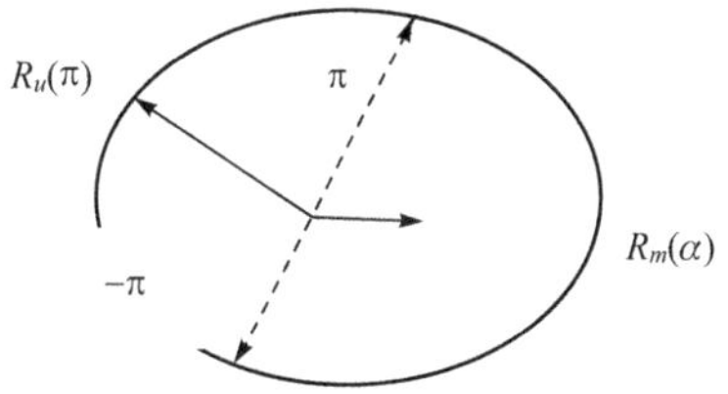

图 5.6

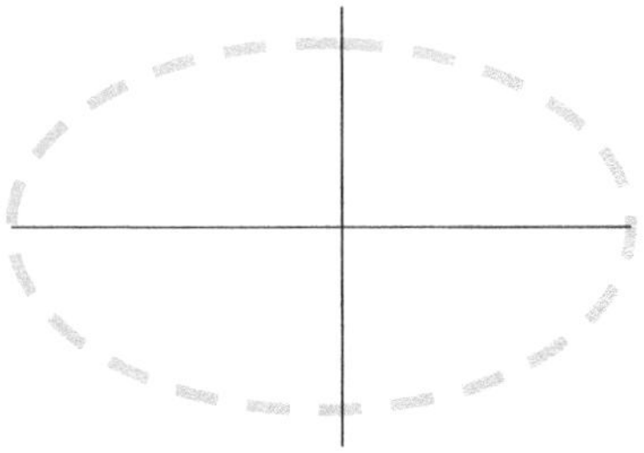

图 5.7

(2) 两类连通路径.

由球表面任一点 R_1 到另一点 R_2，都可沿一条拓扑路径直接到达. 而由表面内部的任一点 R_1 到球表面内部的另一点 R_2，则首先是由球内部的 R_1 到达球表面的

X,再直接由球表面的 X 跳到球表面的 X',然后由 X' 到 R_2,这是间接路径(图 5.8).这些都是拓扑性质.

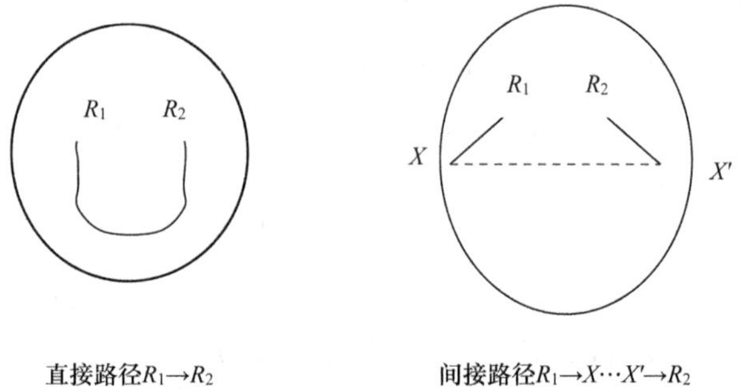

图 5.8

5.7 O(n) 群

1. O(n)——连续的、紧致的、非连通的李群

前面讨论过 O(3)群,现在进一步讨论 O(n)群.

$$O(n)\simeq\{n\times n \text{ 正交矩阵}\}$$

若 $x_1,x_2,\cdots,x_n$ 为正交归一化基矢,则 O(n) 群的作用使二项式的和 $\sum x_i^2$ 不变.例如,$n=2$,则有

$$\begin{pmatrix}x'\\y'\end{pmatrix}=\begin{pmatrix}\cos\phi & \sin\phi\\-\sin\phi & \cos\phi\end{pmatrix}\begin{pmatrix}x\\y\end{pmatrix}\rightarrow(x',y')=(x,y)\begin{pmatrix}\cos\phi & -\sin\phi\\\sin\phi & \cos\phi\end{pmatrix}$$

两者的积的和是不变的.

$$(x',y')\begin{pmatrix}x'\\y'\end{pmatrix}=(x,y)\begin{pmatrix}\cos\phi & -\sin\phi\\+\sin\phi & \cos\phi\end{pmatrix}\begin{pmatrix}\cos\phi & \sin\phi\\-\sin\phi & \cos\phi\end{pmatrix}\begin{pmatrix}x\\y\end{pmatrix}$$

因为 $x'^2+y'^2=x^2+y^2$,故是不变的.

O(n)群的参数空间 Sr 包含两个非连通的部分,因为 $\det(R)=\pm1$,即 $d=\pm1$,所以,连续参数为$\dfrac{n(n-1)}{2}+1$ 个非连续参数.

例如,$n=3$ 时,有$\dfrac{3\times(3-1)}{2}+1=4$ 个参数;$n=4$ 时,有$\dfrac{4(4-1)}{2}+1=7$ 个参数;……

2. O(4)和 SO(4)群的无穷小算符

(1) O(4)和 SO(4)群的作用使二项式的和不变,即下述的和不变

$$(x^2+y^2+z^2+u^2)$$

(x,y,z,u)构成四维欧几里得空间(Euclidean space).

(2) 参数和无穷小算符. SO(4)群有 6 个连续参数,而 O(4)群有 6 个连续参数和 1 个非连续参数. SO(4)群代表在 6 个平面上,即在 xy,yz,zx,ux,uy 和 uz 平面上的转动,因而有 6 个无穷小算符,即

$$A_1=-\mathrm{i}\left(y\frac{\partial}{\partial z}-z\frac{\partial}{\partial y}\right),\quad B_1=-\mathrm{i}\left(x\frac{\partial}{\partial u}-u\frac{\partial}{\partial x}\right)$$

$$A_2=-\mathrm{i}\left(z\frac{\partial}{\partial x}-x\frac{\partial}{\partial z}\right),\quad B_2=-\mathrm{i}\left(y\frac{\partial}{\partial u}-u\frac{\partial}{\partial y}\right)$$

$$A_3=-\mathrm{i}\left(x\frac{\partial}{\partial y}-y\frac{\partial}{\partial x}\right),\quad B_3=-\mathrm{i}\left(z\frac{\partial}{\partial u}-u\frac{\partial}{\partial z}\right)$$

(3) 对易关系.

现在可用另一方式来定义李群,即

$$[A_1,B_1]=[A_2,B_2]=[A_3,B_3]=0$$

$$[A_1,A_2]=\mathrm{i}A_3,\quad [A_2,A_3]=\mathrm{i}A_1,\quad [A_3,A_1]=\mathrm{i}A_2$$

$$[B_1,B_2]=\mathrm{i}A_3,\quad [B_2,B_3]=\mathrm{i}A_1,\quad [B_3,B_1]=\mathrm{i}A_2$$

$$[A_1,B_2]=\mathrm{i}B_3,\quad [A_1,B_3]=-\mathrm{i}B_2$$

$$[A_2,B_1]=-\mathrm{i}B_3,\quad [A_2,B_3]=\mathrm{i}B_1$$

$$[A_3,B_1]=\mathrm{i}B_2,\quad [A_3,B_2]=-\mathrm{i}B_1$$

这种对易关系实际上是 SO(4)群的定义.

(4) 证明 SO(4)=SO(3)⊗SO(3).

如上所述,SO(4)群的无穷小算符为 A_1,A_2,A_3,B_1,B_2,B_3. 现对无穷小算符作如下的变换:

$$J_l=\frac{1}{2}[A_l+B_l],\quad K_l=\frac{1}{2}[A_l-B_l],\quad l=1,2,3$$

因而有如下新的对易关系:

$$[J_l,K_j]=0,\quad l,j=1,2,3$$

$$[J_1,J_2]=\mathrm{i}J_3,\quad [J_2,J_3]=\mathrm{i}J_1,\quad [J_3,J_1]=\mathrm{i}J_2$$

$$[K_1,K_2]=\mathrm{i}K_3,\quad [K_2,K_3]=\mathrm{i}K_1,\quad [K_3,K_1]=\mathrm{i}K_2$$

因为 SO(3)群的无穷小算符为 (I_x,I_y,I_z) 或 (L_x,L_y,L_z),其对易关系为

$$[L_x,L_y]=\mathrm{i}L_z,\quad [L_y,L_z]=\mathrm{i}L_x,\quad [L_z,L_x]=\mathrm{i}L_y$$

所以可知 $[J_1,J_2,J_3]$生成一个 SO(3)群;而$[K_1,K_2,K_3]$又生成另一 SO(3)群. 因为$[J_1,J_2,J_3]$与$[K_1,K_2,K_3]$对易,则有两个 SO(3)群对易,则可写成直积

$$\mathrm{SO}(4)=\mathrm{SO}(3)\otimes\mathrm{SO}(3)$$

5.8 洛伦兹群

1. 定义

一组变换集合 $O_{p,n-p}$，使以下二项式的代数和不变

$$x_1^2+x_2^2+\cdots-+x_p^2-x_{p+1}^2-\cdots-x_n^2 \quad (0<p<n)$$

则称它为洛伦兹群或膺转动群 $\mathrm{O}_{p,n-p}=\mathrm{O}(p,n-p)$.

例如，$n=4$，$p=3$，则为 $\mathrm{O}_{3,1}=\mathrm{O}(3,1)$群，如

$$\mathrm{d}s^2=\mathrm{d}x^2+\mathrm{d}y^2+\mathrm{d}z^2-c^2\mathrm{d}t^2$$

即四维“时空”连续洛伦兹协变(Lorentz covariance). 当作以下变换时

$$(x,y,z,t)\to(x',y',z',t'),\quad \mathrm{d}s^2=\mathrm{d}s'^2$$

$\mathrm{d}s^2$不变，即满足洛伦兹协变.

对于非相对论量子力学，如薛定谔方程

$$\mathrm{i}\hbar\frac{\partial}{\partial t}\psi=H\psi=-\frac{\hbar}{2\mu}\nabla^2\psi$$

这时洛伦兹协变不满足，因为有

$$\nabla^2=\frac{\partial^2}{\partial x^2}+\frac{\partial^2}{\partial y^2}+\frac{\partial^2}{\partial z^2}$$

即对空间为二次导数，而对时间为一次导数.

而对于相对论量子力学，如 Klein-Gordan 方程，对于自旋为零或整数的系统，如光、振子，则可将对时间的导数由一次导数改写成二次导数，如

$$\frac{\partial}{\partial t}\to\frac{\partial^2}{\partial t^2}$$

这时方程将变为

$$\left(\nabla^2\psi-\frac{1}{c^2}\frac{\mathrm{d}^2\psi}{\mathrm{d}t^2}\right)-\frac{\mu^2c^2}{\hbar^2}\psi=0$$

满足洛伦兹协变.

对于相对论量子力学，如 Dirac 方程，对于自旋为半奇整数的系统，如电子，则可将对空间的导数由二次导数改写成一次导数，如

$$\frac{\mathrm{d}^2}{\mathrm{d}r^2}\to\frac{\partial}{\partial r}$$

这时方程将变为

$$\mathrm{i}\hbar\frac{\partial\psi}{\partial t}=\hat{H}\psi,\quad 其中\ \hat{H}=\hat{\alpha}\cdot\hat{P}+\hat{\beta}\mu c^2$$

而 $\hat{\alpha}$ 和 $\hat{\beta}$ 为 4×4 矩阵，$\hat{P}=\frac{\hbar}{\mathrm{i}}\nabla$，$\nabla=i\frac{\partial}{\partial x}+j\frac{\partial}{\partial y}+k\frac{\partial}{\partial z}$. 这时，满足洛伦兹协变.

2. 二项式形式为 x^2-y^2

其中 $n=2,p=1$,则 $O_{p,n-p}=O_{1,1}=O(1,1)$,即群 $O(1,1)$ 使二项式的代数和 (x^2-y^2) 不变. 如变换为

$$\begin{cases} x'=x\cosh\theta+y\sinh\theta \\ y'=x\sinh\theta+y\cosh\theta \end{cases}, \quad -\infty<\theta<\infty$$

则有

$$x'^2=x^2\cosh^2\theta+2xy\cosh\theta\sinh\theta+y^2\sinh^2\theta$$
$$y'^2=x^2\sinh^2\theta+2xy\sinh\theta\cosh\theta+y^2\cosh^2\theta$$

因而 $x'^2-y'^2=x^2-y^2$ 是不变的. 这时,群元素为

$$O(1,1)=\left\{\begin{pmatrix} \cosh\theta & \sinh\theta \\ \sinh\theta & \cosh\theta \end{pmatrix}\right\}$$

对于 $O(1,1)$ 群,一个参数为 θ,一个为无穷小算符.

为何称为赝转动(pseudorotation)?

设 $y=\mathrm{i}\nu$,则 $x^2-y^2=x^2-(\mathrm{i}\nu)^2=x^2+\nu^2$,因而有

$$x^2+\nu^2=x'^2+\nu'^2$$

对比,当 $n=2$ 时,则为 SO(2)群,使二项式和不变,即

$$x'^2+y'^2=x^2+y^2$$

是不变的. 但是此处 y 为虚轴,故为虚转动,又称洛伦兹转动.

3. 二项式代数和为 $x^2+y^2-z^2$

$O_{p,n-p}=O_{2,1}=O(2,1)$ 在 xy 平面上是通常的转动,而在 xz 和 yz 平面上为洛伦兹转动.

4. 二项式代数和为 $x^2+y^2+z^2-u^2$

$O_{3,1}=O(3,1)$ 使 $(x^2+y^2+z^2-u^2)$ 不变,即在 xy,yz,zx 平面上有 3 个通常的转动,而在 xu,yu,zu 平面上有 3 个洛伦兹转动,共计 6 个参数和 6 个无穷小算符.

5.9 特殊酉群 SU(2)

1. U(2)群

(1) 设向量 u 和 ν 属于复数域,即 $u,\nu\in$ 复数域(complex number field). 其转动为

$$(u',\nu')=(u,\nu)\begin{pmatrix} a & c \\ b & d \end{pmatrix}$$

式中,a,b,c 和 d 是复数. 其转置为

$$\begin{pmatrix} u' \\ \nu' \end{pmatrix}=\begin{pmatrix} a & b \\ c & d \end{pmatrix}\begin{pmatrix} u \\ \nu \end{pmatrix}$$

因为复数为 $a=a_1x+\mathrm{i}a_2y$ 等,故有 8 个参数.

(2) 证明 U(2) 群使下述二项式的和不变,即

$$uu^*+\nu\nu^*=|u|^2+|\nu|^2$$

是不变的,也就是$|u'|^2+|\nu'|^2=|u|^2+|\nu|^2$ 是不变的,则

$$\begin{pmatrix} a & c \\ b & d \end{pmatrix}$$

必为酉矩阵.

考查以下结果

$$\begin{aligned} |u'|^2 &= u'u'^*=(au+b\nu)(a^*u+b^*\nu) \\ &= aa^*u^2+ab^*u\nu+ba^*\nu u+bb^*\nu^2 \\ |\nu'|^2 &= \nu'\nu'^*=(cu+d\nu)(c^*u+d^*\nu) \\ &= cc^*u^2+cd^*u\nu+dc^*\nu u+dd^*\nu^2 \end{aligned}$$

可知

$$|u'|^2+|\nu'|^2=|u|^2+|\nu|^2$$

有 $aa^*+cc^*=1$,$bb^*+dd^*=1$,$ab^*+cd^*=0$,$ba^*+dc^*=0$,则

$$\begin{pmatrix} a & c \\ b & d \end{pmatrix}\begin{pmatrix} a^* & b^* \\ c^* & d^* \end{pmatrix}=\begin{pmatrix} 1 & 0 \\ 0 & 1 \end{pmatrix}$$

即$\begin{pmatrix} a & c \\ b & d \end{pmatrix}$ 是酉矩阵,$AA^+=E$.

(3) 这里有 8 个参数,4 个方程,4 个独立参数 α,β,ν,θ,可写成以下矩阵

$$\begin{pmatrix} a & c \\ b & d \end{pmatrix}=\begin{pmatrix} \cos\theta \mathrm{e}^{\mathrm{i}\alpha} & \sin\theta \mathrm{e}^{\mathrm{i}\nu} \\ -\sin\theta \mathrm{e}^{\mathrm{i}(\beta-\nu)} & \cos\theta \mathrm{e}^{\mathrm{i}(\beta-\nu)} \end{pmatrix}$$

$$\begin{pmatrix} a^* & b^* \\ c^* & d^* \end{pmatrix}=\begin{pmatrix} \cos\theta \mathrm{e}^{-\mathrm{i}\alpha} & -\sin\theta \mathrm{e}^{-\mathrm{i}(\beta-\nu)} \\ \sin\theta \mathrm{e}^{-\mathrm{i}\nu} & \cos\theta \mathrm{e}^{-\mathrm{i}(\beta-\nu)} \end{pmatrix}$$

因而

$$\mathrm{U}(2)\simeq\{2\times2\ \text{酉矩阵}\}$$

故 U(2)群为四参数的、连通的、连续的和紧致的李群.

2. SU(2)群

若 U 矩阵的行列式为 1,即 det(U)=+1,则这些 U 矩阵的集合,称为 SU(2)群. 因而,群元素可表示为

$$\left|\begin{pmatrix} a & -b^* \\ b & a^* \end{pmatrix}\right| = aa^* + bb^* = +1$$

和

$$\begin{pmatrix} a & -b^* \\ b & a^* \end{pmatrix}\begin{pmatrix} a^* & b^* \\ -b & a \end{pmatrix} = \begin{pmatrix} 1 & 0 \\ 0 & 1 \end{pmatrix}$$

其中,U 矩阵的行列式为 1,且 U 就是酉矩阵. 则$\begin{pmatrix} a & -b^* \\ b & a^* \end{pmatrix}$的集合称为特殊酉群 SU(2),因为

$$\det\begin{pmatrix} a & -b^* \\ b & a^* \end{pmatrix} = +1$$

则群元素可表示为 $R(a,b)=\begin{pmatrix} a & -b^* \\ b & a^* \end{pmatrix}$,在它的作用下,复向量变为

$$(u',\nu')=(u,\nu)\begin{pmatrix} a & -b^* \\ b & a^* \end{pmatrix}$$

故有 $u'=au+b\nu$,其复数为 $u'^*=a^*u+b^*\nu$;以及 $\nu'=-b^*u+a^*\nu$,其复数为 $\nu'^*=-bu+a\nu$. 因而

$$u'u'^*=|u'|^2=(au+b\nu)(a^*u+b^*\nu)=aa^*u^2+ab^*u\nu+ba^*\nu u+b^*b\nu^2$$

$$\nu'\nu'^*=|\nu'|^2=(-b^*u+a^*\nu)(-bu+a\nu)=bb^*u^2-b^*au\nu-a^*b\nu u+aa^*\nu^2$$

则二项式的和不变

$$|u'|^2+|\nu'|^2=|u|^2+|\nu|^2$$

3. SU(2)群的表示

(1) 基函数为

$$f_j^m=\frac{u^{j+m}\nu^{j-m}}{[(j+m)!\ (j-m)!]^{1/2}},\quad j=0,\frac{1}{2},1,\frac{3}{2},\cdots;m=0,\pm\frac{1}{2},\cdots,\pm j$$

这是 j-j 耦合,而不是 L-S 耦合,即 $l-s\rightarrow j$.

(2) 因为

$$(u',\nu')=(u,\nu)\begin{pmatrix} a & -b^* \\ b & a^* \end{pmatrix}$$

则

$$R(a,b)f_j^m=\frac{(au+b\nu)^{j+m}(-b^*u+a^*\nu)^{j-m}}{[(j+m)!\ (j-m)!]^{1/2}}$$

右边可用二项式定律(binominal theorem)展开,二项式定律的表示为

$$(a+b)^n = c_0^n a^n + c_1^n a^{n-1}b + \cdots + c_k^n a^{n-k}b^k + \cdots + c_n^n b^n$$

$$= \sum_{k=0}^{n} c_k^n a^{n-k}b^k = \sum_{k=0}^{n} \frac{n!}{k!(n-k)!}a^{n-k}b^k$$

$$c_0^n = c_n^n = 1$$

则

$$R(a,b)f_j^m=\frac{(au+b\nu)^{j+m}(-b^*u+a^*\nu)^{j-m}}{[(j+m)!\ (j-m)!]^{1/2}}$$

可为下式,其中$(j+m)$或$(j-m)$相当于n,则有

$$R(a,b)f_j^m = \sum_{k=0,l=0}^{j+m,j-m} \frac{1}{[(j+m)!(j-m)!]^{1/2}} \frac{(j+m)!}{k!(j+m-k)!}(au)^{j+m-k}(b\nu)^k$$

$$\times \frac{(j-m)!}{l!(j-m-l)!}(-b^*u)^{j-m-l}(a^*\nu)^l$$

$$= \sum_{k=0,l=0}^{j+m,j-m} \frac{[(j+m)!(j-m)!]^{1/2}}{k!(j+m-k)!l!(j-m-l)!}$$

$$\times a^{j+m-k}a^{*l}b^k(-b^*)^{j-m-l}u^{2j-k-l}\nu^{k+l}$$

(3) 证明$R(a,b)f_j^m$是$(2j+1)$个${f^{m'}}_j$的线性组合.

作变量变换,设$m'=j-k-l$,则有

$$l=j-k-m',\quad 2j-k-l=j+m'$$

$$k+l=j-m',\quad j-m-l=k+m'-m=m'-m+k$$

所以

$$R(a,b)f_j^m = \sum \frac{[(j+m)!(j-m)!]^{1/2}[(j+m')!(j-m')!]^{1/2}}{k!(j+m-k)!(j-m'-k)!(m'-m+k)!}$$

$$\times a^{j+m-k}a^{*(j-m'-k)}b^k(-b^*)^{m'-m+k}\frac{u^{j+m'}\nu^{j-m'}}{[(j+m')!\ (j-m')!]^{1/2}}$$

即

$$R(a,b)f_j^m = \sum f_j^{m'} D_{m'm}^{(j)}(ab)$$

$\{D^{(j)}(a,b)\}$是SU(2)群在H空间L_{2j+1}的$(2j+1)$维表示.

4. $D^{(j)}(a,b)$是酉表示

因为

$$(a+b)^n = \sum_{k=0}^{n} \frac{n!}{k!(n-k)!}a^{n-k}b^k$$

所以有

$$(|u|^2+|\nu|^2)^{2j}=\sum\frac{(2j)!}{(j-m)!(j+m)!}(|u|^2)^{j+m}(|\nu|^2)^{j-m}$$

其中

$$2j=n,\quad n-k=(2j)-(j-m)=j+m,\quad k=j-m$$

有

$$(|u|^2+|\nu|^2)^{2j}=\sum\frac{(2j)!}{(j-m)!(j+m)!}|u^{j+m}\nu^{j-m}|^2$$

$$\frac{(|u|^2+|\nu|^2)^{2j}}{(2j)!}=\sum\frac{1}{(j-m)!(j+m)!}|u^{j+m}\nu^{j-m}|^2$$

由于

$$f_j^m=\frac{u^{j+m}\nu^{j-m}}{[(j+m)!\ (j-m)!]^{1/2}}$$

有

$$\sum|f_j^m|^2=\sum\frac{|u^{j+m}\nu^{j-m}|^2}{[(j+m)!(j-m)!]}=\frac{1}{(2j)!}(|u|^2+|\nu|^2)^{2j}$$

在 SU(2) 的变换下，$|u|^2+|\nu|^2$ 是不变的，所以 $\sum|f_j^m|^2$ 也是不变的，因而，$D^{(j)}(a,b)$ 是酉表示，其矩阵元为

$$\begin{aligned}&D_{m'm}^{(j)}(a,b)\\&=\sum_k\frac{[(j+m)!(j-m)!]^{1/2}[(j+m')!(j-m')!]^{1/2}}{k!(j+m-k)!(j-m'-k)!(m'-m+k)!}a^{j+m-k}a^{*(j-m'-k)}b^k(-b^*)^{m'-m+k}\end{aligned}$$

5. $D^{(j)}(a,b)$ 是不可约表示

已知

$$\begin{aligned}&D_{m'm}^{(j)}(a,b)\\&=\sum_k\frac{[(j+m)!(j-m)!]^{1/2}[(j+m')!(j-m')!]^{1/2}}{k!(j+m-k)!(j-m'-k)!(m'-m+k)!}a^{j+m-k}a^{*(j-m'-k)}b^k(-b^*)^{m'-m+k}\end{aligned}$$

若 $j=1$，则 $D^{(j)}(a,b)$ 为三维方阵；若 $j=\dfrac{1}{2}$，则 $D^{(j)}(a,b)$ 为二维方阵.

(1) 特殊情况

$$R(a,b)=\begin{pmatrix}a&-b^*\\b&a^*\end{pmatrix}=R(e^{i\alpha/2},0)=\begin{pmatrix}e^{i\alpha/2}&0\\0&e^{-i\alpha/2}\end{pmatrix}$$

若 $k\neq0$，则 $b^k=0$，$D_{m'm}^{(j)}(a,0)\to0$. 因而唯一的可能性是 $k=0$，若 $m'-m\neq0$，则

$(-b^*)^{m'-m}=0$,即 $D^{(j)}_{m'm}(a,0)\to 0$. 因而,当 $b=0$ 时,有 $k=0$,必有 $m'-m=0$,即 $m'=m$,则有

$$D^{(j)}_{m'm}(e^{i\alpha/2},0)=\frac{[(j+m)!\,(j-m)!]^{1/2}[(j+m')!\,(j-m')!]^{1/2}}{(j+m)!\,(j-m')!}e^{i\alpha m}=\delta_{m'm}e^{i\alpha m}$$

因为若 $m'-m\neq 0$,必有 $m'\neq m$,$D^{(j)}_{m'm}(a,0)\to 0$. 同时,又有

$$a^{j+m}a^{*(j-m')}=a^{j+m}a^{*(j-m)}=e^{i\alpha/2(j+m)}e^{-i\alpha/2(j-m)}=e^{i\alpha m}$$

(2) 由 The Schur's 引理 1,若 $\Gamma^{(j)}$ 是群 G 的一个不可约表示,有$[M,\Gamma^{(i)}(A)]=0$,这时 M 为常数. 对于态 $\delta_{m'm}e^{i\alpha m}$,显然有 $[M,\delta_{m'm}e^{i\alpha m}]=0$,因而 $\delta_{m'm}e^{i\alpha m}$ 是不可约表示.

6. 群的类

证明 所有具有相同实部 Re(a)的群元素$\begin{pmatrix}a & -b^*\\ b & a^*\end{pmatrix}$属于同一类.

设 λ 是$\begin{pmatrix}a & -b^*\\ b & a^*\end{pmatrix}$的本征值,则有

$$\begin{vmatrix}a-\lambda & -b^*\\ b & a^*-\lambda\end{vmatrix}=0$$

即

$$(a-\lambda)(a^*-\lambda)+bb^*=0$$

有 $aa^*-(a+a^*)\lambda+\lambda^2+bb^*=0$,因为 $aa^*+bb^*=1$,则有

$$\lambda^2-(a+a^*)\lambda+1=0$$

若$(a+a^*)=2\mathrm{Re}(a)=\beta$,则 $\lambda^2-\beta\lambda+1=0$,即

$$\lambda=\frac{-\beta\pm\sqrt{\beta^2-4}}{2}$$

因而有

相同的 Re(a)→相同的 β→相同的 λ→相同的$\begin{pmatrix}a & -b^*\\ b & a^*\end{pmatrix}$→相同的特征→相同的群的类

7. 结论

(1) $D^{(j)}$ 是$(2j+1)$维的酉表示;

(2) $D^{(j)}$ 是$(2j+1)$维的不可约表示;

(3) 所有具有相同实部 Re(a)的群元素$\begin{pmatrix}a & -b^*\\ b & a^*\end{pmatrix}$是属于同一类.

8. 特征标

(1) 对于 SO(3)群

$$R_z(\alpha)Y_l^m(\theta\cdot\phi)=e^{-im\alpha}Y_l^m(\theta\cdot\phi),\quad m=0,\pm1,\cdots,\pm l$$

$$M[R_z(\alpha)]=\begin{pmatrix} e^{-il\alpha} & & & 0 \\ & e^{-i(l-1)d} & & \\ & & \ddots & \\ 0 & & & e^{il\alpha} \end{pmatrix}$$

$$x^{(l)}[R_z(\alpha)]=\sum_{m=l}^{-l}e^{-im\alpha}=\frac{\sin\left(l+\dfrac{1}{2}\right)\alpha}{\sin(\alpha/2)}$$

(2) 对于 SU(2)群,设 $a=e^{i\alpha/2},b=0,R(a,b)=R(e^{i\alpha/2},0)D_{m'm}^{(j)}(e^{i\alpha/2},0)=\delta_{m'm}e^{i\alpha m}=e^{i\alpha m}$,这时 $a=e^{i\alpha/2},b=0$ 和 $m=m'$.

因为

$$R(a,b)f_j^m=e^{im\alpha}f_j^m$$

所以,特征标为 $e^{im\alpha}$,即对于 SU(2)群

$$x^{(j)}(e^{i\alpha/2},0)=\sum_{m=j}^{-j}e^{im\alpha}=\frac{\sin\left(j+\dfrac{1}{2}\right)\alpha}{\sin(\alpha/2)}$$

对于 SO(3)群

$$x^{(l)}(\alpha)=\frac{2i\sin\left(l+\dfrac{1}{2}\right)\alpha}{2i\sin(\alpha/2)}=\frac{\sin\left(l+\dfrac{1}{2}\right)\alpha}{\sin(\alpha/2)}$$

其中,l 为整数,j 为半奇整数.

9. SU(2)群为 2 对 1 同态于 SO(3)群,即 SU(2)～SO(3). 因为

① SU(2)→SO(3);

② $\sigma[R(a,b)]\sigma[R'(a,b)]=\sigma[R(a,b)R'(a,b)]$.

(1) 比较群元素 $R(a,b)\in$ SU(2)和 $R(\alpha\beta\nu)\in$ SO(3).

$$R(e^{i\alpha/2},0)\qquad\qquad R(\alpha,0,0)$$

其中仅 $\alpha\neq0$,有

$$R(e^{i\alpha/2},0)=\begin{pmatrix} a & -b^* \\ b & a^* \end{pmatrix}=\begin{pmatrix} e^{i\alpha/2} & 0 \\ 0 & e^{-i\alpha/2} \end{pmatrix},\quad R(\alpha,0,0)=\begin{pmatrix} \cos\alpha & -\sin\alpha & 0 \\ \sin\alpha & \cos\alpha & 0 \\ 0 & 0 & 1 \end{pmatrix}$$

(2) 比较单位元素,即 $\alpha=0,\alpha=2\pi$.

SU(2)　　　　　　SO(3)

当 $\alpha=0$ 时,有

$$R(e^0,0)=\begin{pmatrix}1&0\\0&1\end{pmatrix}=E,\quad R(0,0,0)=R(2\pi,0,0)$$

当 $\alpha=2\pi$ 时,有

$$\begin{aligned}R(e^{i\pi},0)&=\begin{pmatrix}e^{i\pi}&0\\0&e^{-i\pi}\end{pmatrix}=\begin{pmatrix}-1&0\\0&-1\end{pmatrix}\\&=-E=\bar{E}\neq E\begin{pmatrix}1&0\\0&1\end{pmatrix},\quad R(0,0,0)=R(2\pi,0,0)\end{aligned}$$

注意:$e^{\pm i\pi}=\cos\pi\pm i\sin\pi=-1$.

当 j 为半奇整数时,如为 $\frac{1}{2}$,群元素 $R(e^0,0)$ 和 $R(e^{i\pi},0)$,其坐标复原,但波函数变为负值,即 $\psi\to-\psi$。故两个 SU(2)群的元素与 SO(3)群的一个元素对应. $\bar{E}$ 是一个新元素,则有

$$\begin{array}{ccc}\text{SU(2)} & & \text{SO(3)}\\ \left.\begin{array}{l}\begin{pmatrix}1&0\\0&1\end{pmatrix}=E\\ \begin{pmatrix}-1&0\\0&-1\end{pmatrix}=\bar{E}\end{array}\right\} & \longrightarrow & E=\begin{pmatrix}1&0\\0&1\end{pmatrix}\\ 2 & : & 1\end{array}$$

一般情形,亦为 2 对 1,即 $\pm D\to D$.

(3) 比较特征标.

$$x^{(j)}(e^{i\alpha/2},0)=\frac{\sin\left(j+\frac{1}{2}\right)\alpha}{\sin(\alpha/2)},\quad x^{(l)}(\alpha,0,0)=\frac{\sin\left(l+\frac{1}{2}\right)\alpha}{\sin(\alpha/2)}$$

当 $j=l=$整数时,$D^{(j)}=D^{(l)}$;

当 j 为半奇整数(half-odd-integer),如 $j=\frac{1}{2}$,对于 SU(2)群,

$$x^{\left(\frac{1}{2}\right)}=\sum_{m=\frac{1}{2}}^{-\frac{1}{2}}e^{i\alpha m}=e^{i\alpha/2}+e^{-i\alpha/2}$$

若 $\alpha=0$,则 $D^{\left(\frac{1}{2}\right)}=\begin{pmatrix}1&0\\0&1\end{pmatrix}$,$x^{\left(\frac{1}{2}\right)}=2$;

若 $\alpha=2\pi$,则 $D^{\left(\frac{1}{2}\right)}=\begin{pmatrix}e^{i\pi}&0\\0&e^{-i\pi}\end{pmatrix}=\begin{pmatrix}-1&0\\0&-1\end{pmatrix}=\bar{E}$,$x^{\left(\frac{1}{2}\right)}=-2$.

而对于 SO(3)，无论 $\alpha=0$ 还是 $\alpha=2\pi$，都有

$$R(0,0,0)=R(2\pi,0,0)=E$$

所以，有

$$\begin{matrix} \mathrm{SU}(2) & & \mathrm{SO}(3) \\ 2 & : & 1 \end{matrix}$$

10. SO(3)的双值表示

因为SU(2)群同态于SO(3)群，即SU(2)～SO(3)为2∶1，则SU(2)和SO(3)应有同样的表示. 但是，若 j 为半奇整数，则每个 SO(3)的转动有两个表示矩阵 $\pm D^{(j)}(\alpha,\beta,\gamma)$，即 SO(3)为双值表示.

11. 双群(double group)SO′(3)(此为新群)

(1) 当 j 为半奇整数时，则

$$\begin{matrix} \mathrm{SU}(2)\sim\mathrm{SO}(3) \\ 2 \quad : \quad 1 \end{matrix}$$

即 SO(3)的每个群元素的表示为 $\pm D^{(j)}(\alpha,\beta,\gamma)$.

(2) SO′(3)的阶数是 SO(3)的两倍，即

$$\mathrm{SO}'(3)=\mathrm{SO}(3)+\text{所有转动}\otimes\bar{E}$$

(3) SU(2)同构于SO′(3)，即 $\mathrm{SU}(2)\cong\mathrm{SO}'(3)$.

(4) SO′(3) 的单位元素是转动 4π，因为转动两个 2π，则有 $\bar{E}=\begin{pmatrix}-1 & 0\\ 0 & -1\end{pmatrix}$，即 $\bar{E}\times\bar{E}=\begin{pmatrix}1 & 0\\ 0 & 1\end{pmatrix}$.

(5) 双群是普遍的，如

$$\mathrm{SO}(3)\to\mathrm{SO}'(3),\quad C_{3v}\to C'_{3v},\quad C_{\infty v}\to C'_{\infty v}$$

12. 普遍化

为何群 SO(3)有双值表示，是因为 SO(3)有双重连通路径，即直接路径和间接路径. 如果群 G 有 k 重连通路径，则群 G 会有 k 值表示. 若 $C_n\in G$ 和 $C_n^n\neq 0$，例如，对于 SO(3)，$C_2^2\neq 0$，因而，对有 k 重连通路径群的 G，会有新的群：

$$G'=G+E_1G+E_2G+\cdots+E_{k-1}G$$

式中

$$E_1\to 1\times 2\pi, E_2\to 2\times 2\pi,\cdots,E_{k-1}\to(k-1)\times 2\pi, E_k\to k\times 2\pi=E_0\ (\text{单位元})$$

则若 $G'=G+E_1G\,(E_1=\bar{E}, E_0=2\times 2\pi)$，这是双值表示. 而对于 G，有 $G'\sim G$，k-对-

1,称 G' 为 G 的通用覆盖群(universial covering group).

13. SU(2)的直积——Clebsch-Gordan 级数

因为 $D=D^{(j)}\otimes D^{(j')}$,故有

$$x(\alpha)=x^{(j)}(\alpha)\cdot x^{(j')}(\alpha)=\sum_{m=-j}^{j}\mathrm{e}^{\mathrm{i}m\alpha}\times\sum_{m'=-j'}\mathrm{e}^{\mathrm{i}m'\alpha}$$

$$=\sum_{m=-j,m'=-j'}^{j,j'}\mathrm{e}^{\mathrm{i}(m+m')\alpha}=\sum_{J=|j-j'|,M=-J}^{j+j',J}\mathrm{e}^{\mathrm{i}M\alpha}=\sum_{J=|j-j'|}^{j+j'}x^{(J)}(\alpha)$$

式中

$$|j-j'|\leqslant J\leqslant j+j'$$

这表示

$$D^{(j)}\otimes D^{(j')}=\sum_{J=|j-j'|}^{j+j'}D^{(J)}$$

若 $j=1$, $j'=1$, $J=2,1,0$,则

$$D^{(1)}\otimes D^{(1)}=D^{(2)}\oplus D^{(1)}\oplus D^{(0)}$$

若 $j=l$, $j'=l'$, $l=l'=1$, $J=L$,则

$$D_u^{(1)}\otimes D_u^{(1)}=\sum_{|l-l'|}^{l+l'}D_g^{(L)}=D_g^{(2)}\oplus D_g^{(1)}+D_g^{(0)}$$

$$P^2\to S_g+P_g+D_g\to{}^1S_g,{}^3P_g,{}^1D_g$$

5.10 李 代 数

1. 代数和群代数(algebra and group algebra)

(1) 代数的定义.

具有乘法定义的实向量空间 L 称为代数,即若 $A,B\in L,AB\in L,L$ 称为代数.

(2) 群代数.

对一有限群 $G(R_1,R_2,\cdots,R_r)$,若视 $(R_1,R_2,\cdots,R_r)$ 为 r 维向量空间中的一点,则所有这些点的集合就是群流形或向量空间.

设基集合为 $R_1,R_2,\cdots,R_r$,则有

$$A=\sum_{i=1}^{r}C_i^AR_i,\quad B=\sum_{j=1}^{r}C_j^BR_j$$

因而 $AB=\sum_{i,j=1}^{r}C_i^AC_j^B(R_iR_j)$,即满足封闭性. 所以,若 $A,B\in G$,则 $AB\in G$,即 $R_iR_j\in L$. 这时有乘法定义,即向量空间就为群代数.

2. 李代数(Lie algebra)

(1) 对于李群,有 r 个连续参数 $a_1, a_2, \cdots, a_r$ 和 r 个无穷小算符 $I_1, I_2, \cdots, I_r$,即有

$$x(00\cdots a_k\cdots 0)=\exp(\mathrm{i}a_k I_k)$$
$$x(00\cdots a_l\cdots 0)=\exp(\mathrm{i}a_l I_l)$$
$$\exp(\mathrm{i}a_k I_k)\exp(\mathrm{i}a_l I_l)=\exp\{\mathrm{i}(a_k I_l+a_l I_l)\}$$

这表示线性组合$(a_k I_l+a_l I_l)$ 产生李群的新元素 $x(00\cdots a_k\cdots 0)x(00\cdots a_l\cdots 0)$,即无穷小算符的线性组合也是无穷小算符.

(2) 已由 Hamermesh 证明

$$[I_k, I_l]=\sum_{j=1}^{r}C_{kl}^{j}I_j, 1\leqslant \mathscr{R},\quad l\leqslant r$$

即 $I_1, I_2, \cdots, I_r$ 的线性组合 $\sum C_{kl}^{j}I_j$ 也为无穷小算符.

(3) 若将 $I_1, I_2, \cdots, I_r$视为向量空间的基矢,则有$\sum C_{kl}^{j}I_j\in L$,即也是向量空间的基矢,再由 Hamermesh 的证明,$[I_k, I_l]\in L$,则有 $I_kI_l-I_lI_k\in L$,即有 I_kI_l 和 $I_lI_k\in L$. 若 $I_1, I_2, \cdots, I_r\in L$,则 $I_kI_l\in L$,即向量空间有乘法定义,因而向量空间 L 是李群的李代数 .

例如,SO(3) 有 3 个无穷小算符 I_1, I_2, I_3,则$[I_k, I_l]=\sum_{j=1}^{3}C_{kl}^{j}I_j$,这就是SO(3)群的李代数 SO(3).

(4) 李代数的定义.

若 $I_1, I_2, \cdots, I_r$ 是向量空间 L 的基矢,且$[I_k, I_l]=\sum_{j=1}^{r}C_{kl}^{j}I_j$,则向量空间就是李代数.

(5) C_{kl}^{j} 是李代数的结构常数,因而 $[I_k, I_l]=\sum_{j=1}^{r}C_{kl}^{j}I_j$ 确定了李群的结构. 正如,群表确定了群的结构.

3. 李代数的一般定义

李代数是具有以下对易规则的 r 维实向量空间 $L(x, y, z, \cdots)$.

(1) $[x, y]\in L$;

(2) $[x, y]=-[y, x]$;

(3) 所有 $x, y, z, \cdots\in L$ 服从 Jacobi 等式

$$[x,[y,z]]+[y,[z,x]]+[z,[x,y]]=0$$

4. 李代数的表示

(1) 李代数是具有基集合 $I_1, I_2, \cdots, I_r$ 并服从$[I_k, I_l] = \sum_{j=1}^{r} C_{kl}^{j} I_j$的向量空间 L. 若一组 $p \times p$ 矩阵服从李代数的对易规则,它就是李代数的表示,也是李群的表示.

(2) 实例.

下述泡利自旋矩阵

$$\sigma_x = \begin{pmatrix} 0 & 1 \\ 1 & 0 \end{pmatrix}, \quad \sigma_y = \begin{pmatrix} 0 & -\mathrm{i} \\ \mathrm{i} & 0 \end{pmatrix}, \quad \sigma_z = \begin{pmatrix} 1 & 0 \\ 0 & -1 \end{pmatrix}$$

即 $\sigma_x, \sigma_y, \sigma_z$ 可作为 SU(2)群的无穷小算符并服从

$$[\sigma_j, \sigma_k] = 2\mathrm{i} \sum_{l=1}^{3} \varepsilon_{kl}^{j} \sigma_l$$

其中,ε_{kl}^{j}为 SU(2)群的结构常数 ,则$\{\sigma_x, \sigma_y, \sigma_z\}$是李群 SU(2)的李代数 SU(2) 的表示,也是李群 SU(2)的表示.

5. 李群的秩(rank)和 Casimir 算子

(1) 李群的可相互对易的最小算子数,称为李群的秩.

对于 SO(3)

$$[L_x, L_y] = \mathrm{i}L_z, \quad [L_y, L_z] = \mathrm{i}L_x, \quad [L_z, L_x] = \mathrm{i}L_y$$

除$[L_i, L_i]=0$ 之外,无可相互对易的算子数. 故 SO(3)的秩为 1,即 Rank=1.

对于 SU(2)

$$[\sigma_x, \sigma_y] = 2\mathrm{i}\sigma_z, \quad [\sigma_y, \sigma_z] = 2\mathrm{i}\sigma_x, \quad [\sigma_z, \sigma_x] = 2\mathrm{i}\sigma_y$$

SU(2)的秩为 1,即 Rank=1.

(2) Casimir 算子.

任何与李群的所有算子对易的算子,称为李群 Casimir 算子.

对于 SO(3)

$$L^2 = L_x^2 + L_y^2 + L_z^2, \quad [L^2, L_x] = 0 = [L^2, L_y] = [L^2, L_z]$$

L^2 是 SO(3)的 Casimir 算子.

对于 SU(2)

$$\sigma^2 = \sigma_x^2 + \sigma_y^2 + \sigma_z^2$$

σ^2 是 SU(2)的 Casimir 算子.

(3) Casimir 算子 L^2 的本征值是 $l(l+1)$,因为

$$\hat{L}^2 \psi = l(l+1)\psi$$

SO(3)的不可约表示为 $D^{(l)}$.

参 考 文 献

怀邦 B G. 1982. 典型群及其在物理学上的应用. 冯承天等，译. 北京：科学出版社.

王湘浩，谢邦杰. 1964. 高等代数. 北京：人民教育出版社.

朱正和. 1996. 原子分子反应静力学. 北京：科学出版社.

Atkins P W，Child M S. Phillips C S G. 1970. Tables for Group Theory. Oxford：Oxford University Press.

Cornwell J F. 1984. Group Theory in Physics. London San Diego New York Boston Sydney Tokyo：Academic Press.

Gutman I，Polansky O E. 1986. Mathematical Concepts in Organic Chemistry. Berlin New York London：Springer-Velag.

Hamermesh M. 1962. Group Theory and its Application to Physical Problems. New York：Dover Publication，Inc.

Herzberg G. 1945. Molecular Spectra and Molecular Structure. D. Van Nostrand Company Inc.

Ledermann W. 1973. Introduction to Group Theroy. London：Longman.

Luding W，Falter C F. 1987. Symmetries in Physics. Berlin：Springer-Verlag.

索　　引